图解 气动技术基础

TUJIE QIDONG JISHU JICHU

张戌社 编著

化学工业出版社

·北京·

内 容 简 介

本书共7章：第1章为气动技术基础知识，重点介绍气压传动的基本原理和发展趋势；第2～5章讲述各类气动元件，特别强调对各类元件的组成、类型和基本工作原理的理解与掌握；第6章全面分析了气动基本回路，尽可能做到内容丰富、条理清晰；第7章列举了六个典型的气动系统，既结合生产实际，又突出实用性。

本书适合气动技术的初学者学习使用，可供从事流体传动及控制技术的工程技术人员及其他相关从业人员参阅，也可作为高等职业教育、成人教育、企业技术培训的基础教材，同时可作为大、中专院校相关专业的教学参考书。

图书在版编目（CIP）数据

图解气动技术基础/张戌社编著. —北京：化学工业出版社，2024.1（2025.1重印）

ISBN 978-7-122-44259-8

Ⅰ.①图… Ⅱ.①张… Ⅲ.①气压传动-图解 Ⅳ.①TH138-64

中国国家版本馆CIP数据核字（2023）第187681号

责任编辑：张燕文 黄 滢　　装帧设计：刘丽华

责任校对：刘曦阳

出版发行：化学工业出版社（北京市东城区青年湖南街13号 邮政编码100011）

印　　装：北京天宇星印刷厂

787mm×1092mm 1/16 印张10 字数203千字 2025年1月北京第1版第2次印刷

购书咨询：010-64518888　　售后服务：010-64518899

网　　址：http://www.cip.com.cn

凡购买本书，如有缺损质量问题，本社销售中心负责调换。

定　　价：69.80元

前言

气压传动的工作介质是自然界中取之不尽的空气，所以气压传动环境污染小、安全可靠、高效节能，是一种易于推广普及的应用技术。气动技术广泛应用于机械制造、电子、电气、石油化工、轻工、食品、汽车、船舶、军工以及各类自动化智能装备等行业中。现代气动技术与电子技术的结合为大规模工业自动化生产线、生产系统和装备的实现，提供了更多的技术选择和应用平台。气动技术的发展、气动元件新产品的开发始终受到世界各国产业界的关注，气动技术已成为当代工程技术人员应掌握的重要基础技术之一。

本书共 7 章：第 1 章为气动技术基础知识，重点介绍气压传动的基本原理和发展趋势；第 2～5 章讲述各类气动元件，特别强调对各类元件的组成、类型和基本工作原理的理解与掌握；第 6 章全面分析了气动基本回路，尽可能做到内容丰富、条理清晰；第 7 章列举了六个典型的气动系统，既结合生产实际，又突出实用性。

在编写过程中，追求基础性、系统性、先进性和实用性的统一，在较全面地阐述气压传动基本内容的基础上，力求反映我国气动行业发展的最新情况。全书结构上循序渐进、内容完整。

本书适合气动技术的初学者学习使用，可供从事流体传动及控制技术的工程技术人员及其他相关从业人员参阅，也可作为高等职业教育、成人教育、企业技术培训的基础教材，同时可作为大、中专院校相关专业的教学参考书。

本书由河北科技大学张戌社编写，并将多年的工作经验融入其中，由于水平所限，书中疏漏之处在所难免，恳请广大读者批评指正。

编著者

目录

第1章

气动技术基础知识

气压传动技术简称气动技术，以压缩空气为工作介质进行能量与信号的传递，是实现各种生产过程机械化、自动化的一门技术。它是流体传动与控制学科的一个重要组成部分。

1.1 气动系统的工作原理、组成及特点

(1) 气动系统的工作原理

气压传动的工作过程是利用空气压缩机把电动机或其他原动机输出的机械能转换为空气的压力能，然后在控制元件的作用下，通过执行元件把压力能转换为直线运动或回转运动形式的机械能，从而完成各种动作，并对外做功。

下面通过一个典型气压传动系统来了解气动系统如何进行能量与信号传递，如何实现自动控制。

图 1-1 所示为气动剪切机的气压传动系统示意，图示位置为剪切前的情况。空气压缩机 1 产生的压缩空气经后冷却器 2、分水排水器 3、储气罐 4、分水滤气器 5、减压阀 6、油雾器 7 到达换向阀 9，部分气体经节流通路进入换向阀 9 的下腔，使上腔弹簧压缩，换向阀 9 阀芯位于上端；大部分压缩空气经换向阀 9 后进入气缸 10 的上腔，而气缸的下腔经换向阀与大气相通，故气缸活塞处于最下端位置。当上料装置把工料 11 送入剪切机并到达规定位置时，工料压下行程阀 8，此时换向阀 9 下腔压缩空气经行程阀 8 排入大气，在弹簧的推动下，换向阀 9 阀芯向下运动至下端；压缩空气则经换向阀 9 后进入气缸的下腔，上腔经换向阀 9 与大气相通，气缸活塞向上运动，带动剪刀上行剪断工料。工料被剪下后，即与行程阀 8 脱开。行程阀 8 在弹簧作用下复位，出路堵死。换向阀 9 阀芯上移，气缸活塞向下运动，又恢复到剪断前的状态。

图 1-2 所示为用图形符号绘制的剪切机气动系统图。

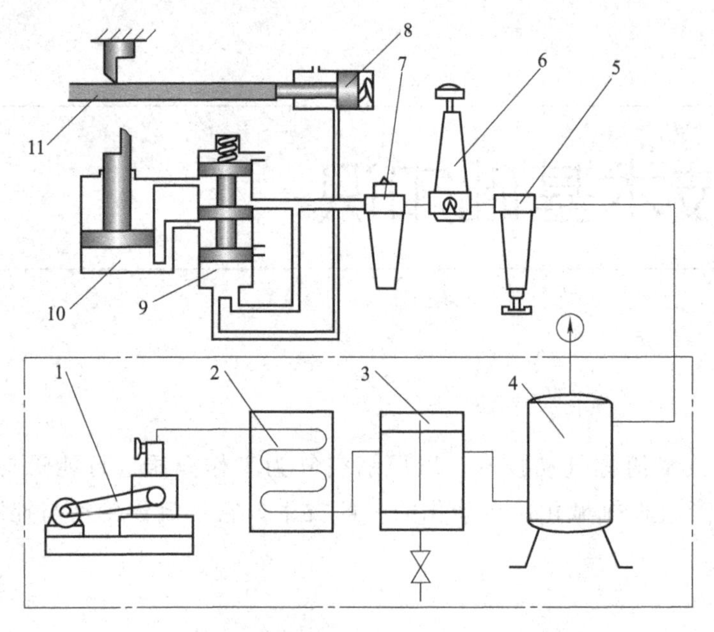

图 1-1　气动剪切机的气压传动系统示意

1—空气压缩机；2—后冷却器；3—分水排水器；4—储气罐；5—分水滤气器；
6—减压阀；7—油雾器；8—行程阀；9—气控换向阀；10—气缸；11—工料

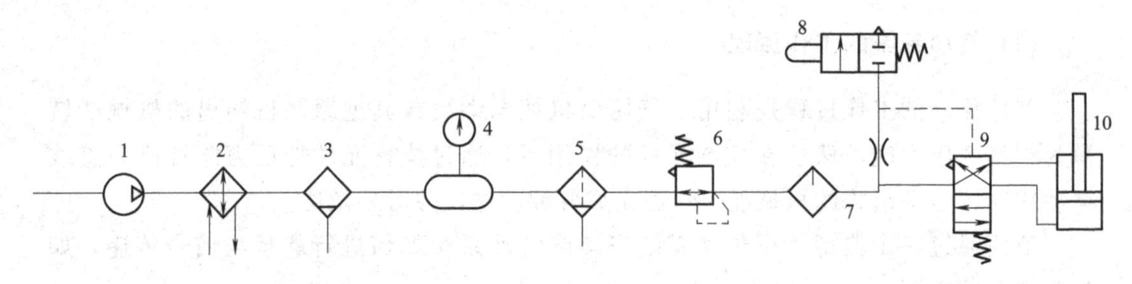

图 1-2　用图形符号绘制的剪切机气动系统图

1—空气压缩机；2—后冷却器；3—分水排水器；4—储气罐；5—分水滤气器；
6—减压阀；7—油雾器；8—行程阀；9—气控换向阀；10—气缸

气压传动的基本工作特征：系统的工作压力取决于负载；执行装置的运动速度只取决于输入流量的大小，而与负载无关。

(2) 气动系统的组成

在气压传动系统中，根据气动元件和装置的不同功能，可将气压传动系统分成以下几个部分。

① 气源装置　是获得压缩空气的能源装置，其主体部分是空气压缩饥，此外还有气源净化设备。空气压缩机将原动机供给的机械能转化为空气的压力能；气源净化设备用以降低压缩空气的温度，除去压缩空气中的水分、油分以及污染杂质等。

在使用气动设备较多的情况下，常将气源装置集中在压气站内，由压气站统一向各用气点分配供应压缩空气。

② 执行元件　是以压缩空气为工作介质，并将压缩空气的压力能转变为机械能的能量转换装置。包括作往复直线运动的气缸，作连续回转运动的气马达和作不连续回转运动的摆动气马达等。

③ 控制元件　又称操纵、运算、检测元件，是用来控制压缩空气流的压力、流量和流动方向等以便使执行机构完成预定运动规律的元件。包括各种压力阀、方向阀、流量阀、逻辑元件、射流元件、行程阀、转换器和传感器等。

④ 辅助元件　是净化压缩空气、润滑、消声以及元件间连接所需要的一些装置。包括分水滤气器、油雾器、消声器以及各种管路附件等。

(3) 气动系统的特点

① 优点

a. 空气随处可取，取之不尽，节省了购买、储存、运输介质的费用和麻烦；用后的空气直接排入大气，对环境无污染；处理方便，不必设置回收管路，因而也不存在介质变质、补充和更换等问题。

b. 因空气黏度小（约为液压油的万分之一），在管内流动阻力小，压力损失小，便于集中供气和远距离输送。即使有泄漏，也不会像液压油一样污染环境。

c. 与液压传动相比，气压传动反应快，动作迅速，维护简单，管路不易堵塞。

d. 气动元件结构简单，制造容易，易于标准化、系列化、通用化。

e. 气动系统对工作环境适应性好，特别在易燃、易爆、多尘、强磁、辐射、振动等恶劣环境中工作时，安全可靠性优于液压、电子和电气系统。

f. 空气具有可压缩性，使气动系统能够实现过载自动保护，也便于储气罐储存能量，以备急需。

g. 排气时气体因膨胀而温度降低，因而气动设备可以自动降温，长期运行也不会发生过热现象。

② 缺点

a. 空气具有可压缩性，当载荷变化时，气动系统的动作稳定性差。可以采用气液联动装置解决此问题。

b. 工作压力较低（一般为0.4～0.8MPa），又因结构尺寸不宜过大，因而输出功率较小。

c. 气动信号的传递速度比光电信号的传递速度慢，故不宜用于要求高传递速度的复杂回路中。对一般机械设备，气动信号的传递速度是能够满足要求的。

d. 排气噪声大，需加消声器。

表1-1为气压传动与其他传动类型的性能比较，供选用时参考。

表 1-1　气压传动与其他传动类型的性能比较

项目	气压传动	液压传动	电气传动	机械传动
元件结构	简单	复杂	稍复杂	一般
输出力	中等	大	中等	较大
动作速度	较快	较慢	快	中等
操作距离	中等	短	长	短
信号响应	稍快	快	很快	中等
工作寿命	长	中等	较短	中等
负载变化影响	较大	有一些	几乎没有	没有
无级调速	较好	良好	良好	困难
体积	小	小	中等	大
维护	要求一般	要求高	要求较高	简单
价格	便宜	稍贵	稍贵	一般

1.2　气动技术的应用和发展趋势

(1) 气动技术的应用

目前气压传动技术在下述几方面有普遍的应用。

① 机械制造　其中包括机械加工生产线上工件的装夹及搬送，铸造生产线上的造型、捣固、合箱等；在汽车制造中，包括汽车自动化生产线、车体部件自动搬运与固定、自动焊接等。

② 电子、半导体制造　如用于硅片的搬运，元器件的插装与锡焊，家用电器的组装等。

③ 石油、化工　用管道输送介质的自动化流程绝大多数采用气压传动，如石油提炼、化肥生产等。

④ 轻工、食品、包装　其中包括各种半自动或全自动包装生产线，例如酒类、油类灌装，各种食品的包装等。

⑤ 机器人　例如装配机器人、喷漆机器人、搬运机器人以及爬墙机器人和焊接机器人等。

⑥ 机床　在通用机床和各种各样的专用机床上，大量采用了气动控制系统。

⑦ 其他　如车辆制动装置，车门启闭装置，颗粒物质的筛选装置，鱼雷、导弹自动控制装置等。各种气动工具的广泛使用，也是气动技术应用的一个组成部分。

(2) 气动技术的发展趋势

① 组合化、智能化。最常见的组合是带阀、带开关气缸；在物料搬运中，还使用了气缸、摆动气缸、气动夹头和真空吸盘的组合体，同时配有电磁阀、程控器，结构紧凑，占用空间小，行程可调。

② 小型化、集成化、精密化。除小型化外，目前开发了非圆活塞气缸、带导杆气缸等，可减小普通气缸活塞杆工作时的摆转；为了使气缸精确定位，开发了制动气缸等。为了使气缸的定位更精确，使用了传感器、比例阀等实现反馈控制，定位精度达 0.01mm。在精密气缸方面已开发了 0.3mm/s 低速气缸和 0.01N 微小载荷气缸。在气源处理中，过滤精度为 0.01mm、过滤效率为 99.9999%的过滤器和灵敏度为 0.001MPa 的减压阀已开发完成。

③ 高速化。目前气缸的活塞速度范围为 50～750mm/s。为了提高生产率，自动化的节拍正在加快。今后要求气缸的活塞速度提高到 5～9m/s。与此相应，阀的响应速度也将加快，要求由现在的 1/90 秒级提高到 1/900 秒级。

④ 无油、无味、无菌化。由于人类对环境的要求越来越高，不希望气动元件排放的废气带油雾而污染环境，因此无油润滑的气动元件将会普及。还有些特殊行业，如食品、饮料、制药、电子等，对空气的要求更为严格，除无油外，还要求无味、无菌等，这类特殊要求的过滤器将被不断开发出来。

⑤ 高寿命、高可靠性和智能诊断功能。气动元件大多用于自动化生产中，元件的故障往往会影响设备的运行，使生产线停止工作，造成严重的经济损失，因此对气动元件的工程可靠性提出了更高的要求。

⑥ 节能、低功耗。气动元件的低功耗能够节约能源，并能更好地与微电子技术、计算机技术相结合。功耗≤0.5W 的电磁阀已开发完成并已商品化，可由计算机直接控制。

⑦ 机电一体化。为了精确达到预定的控制目标，应采用闭环反馈控制方式。为了实现这种控制方式，要解决计算机的数字信号、传感器反馈模拟信号和气动控制气压或气流量三者之间的相互转换问题。

⑧ 应用新技术、新工艺、新材料。在气动元件制造中，型材挤压、铸件浸渗和模块拼装等技术已广泛应用；压铸新技术（液压抽芯、真空压铸等）目前已逐步推广；压电技术、总线技术以及新型软磁材料、透析滤膜等正在被应用。

第2章

气源装置及气动辅件

2.1 气源装置

用于产生、处理和储存压缩空气的设备称为气源装置。气源装置的功能是为气动系统提供满足一定质量要求的清洁、干燥的压缩空气。气源装置的组成如图2-1所示，一般由空气压缩机及空气冷却、净化、干燥、储存元件等组成。

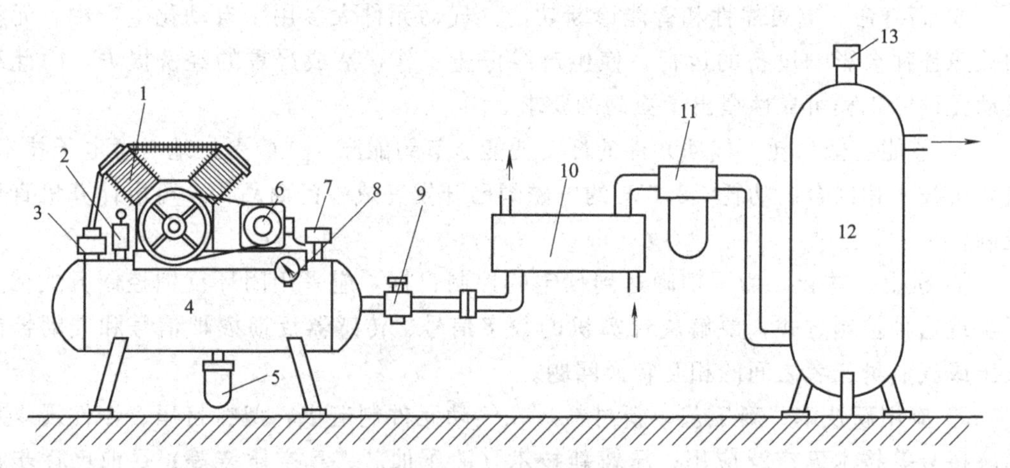

图2-1　气源装置的组成

1—空气压缩机；2，13—安全阀；3—单向阀；4—小气罐；5—排水器；6—电动机；7—压力开关；8—压力表；9—截止阀；10—后冷却器；11—油水分离器；12—大气罐

通过电动机6驱动的空气压缩机1，将大气压力状态下的空气压缩到较高的压力状态，输送到气动系统。压力开关7根据压力的大小控制电动机的启动和停止。当小气罐4内压力上升到调定的最高压力时，压力开关发出信号使电动机停止工作；当小气罐内压力降至调定的最低压力时，压力开关又发出信号使电动机重新工作。当小气罐4内压力超过允许限度时，安全阀2自动打开向外排气，以保证空气压缩机的安

全。当大气罐 12 内压力超过允许限度时，安全阀 13 自动打开向外排气，以保证大气罐的安全。单向阀 3 在空气压缩机不工作时，阻止压缩空气反向流动。后冷却器 10 通过降低压缩空气的温度，将水蒸气及油雾冷凝成水滴和油滴。油水分离器 11 进一步将压缩空气中的油、水等分离出来。在后冷却器、油水分离器、空气压缩机和气罐等的最低处，设有手动或自动排水器。

2.1.1 空气压缩机

(1) 空气压缩机的分类与图形符号

空气压缩机（简称空压机）是将原动机的机械能转换成气体压力能的装置，其功用是为气动设备提供符合要求的压缩空气。

空气压缩机的种类很多，分类方式也有数种。按压力高低可分为低压型（0.2～1.0MPa）、中压型（1.0～10MPa）和高压型（＞10MPa）；按排气量可分为微型（＜$1m^3/min$）、小型（1～$10m^3/min$）、中型（10～$100m^3/min$）和大型（＞$100m^3/min$）；按工作原理可分为容积型和动力型（也称透平型或涡轮型），如图 2-2 所示。

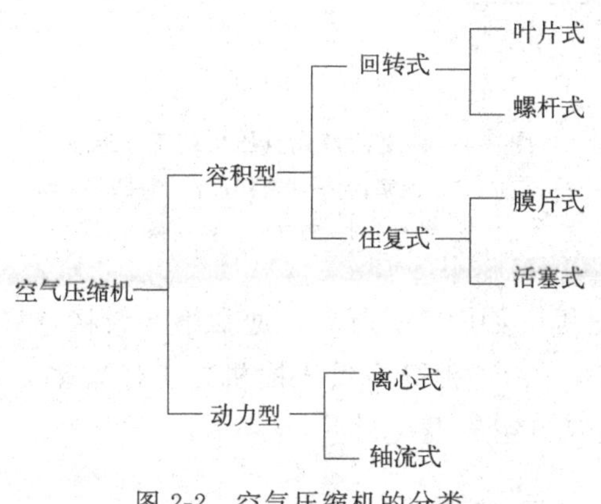

图 2-2　空气压缩机的分类

容积型压缩机的工作原理是压缩气体的体积，使单位体积内气体分子的密度增大以提高压缩空气的压力。动力型压缩机的工作原理是提高气体分子的运动速度，然后使气体的动能转化为压力能以提高压缩空气的压力。

空气压缩机（气压源）的图形符号如图 2-3 所示。

(2) 空气压缩机的结构原理

① 往复活塞式空压机　气动系统中最常用的空气压缩机是往复活塞式，其工作原理如图 2-4 所示。当活塞 3 向右运动时，气缸 2 内活塞左腔的压力低于大气压力，吸气阀 9 打开，空气在大气压力作用下进入气缸 2 内，这个过程称为吸气过程。当活塞向左移动时，吸气阀 9 在缸内气体压力的作用下关闭，缸内气体被压缩，这个过程

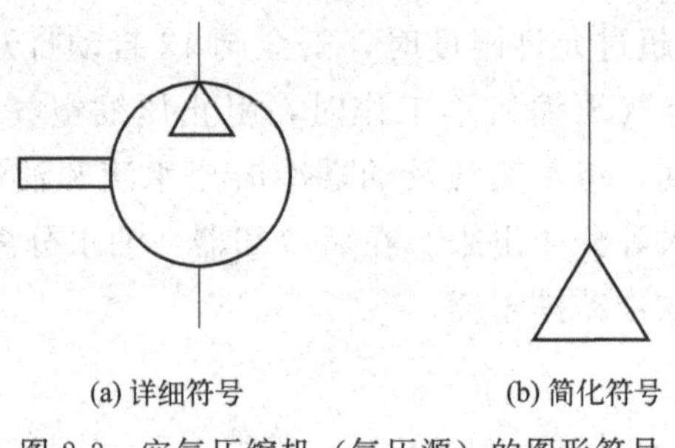

(a) 详细符号　　(b) 简化符号

图 2-3　空气压缩机（气压源）的图形符号

称为压缩过程。当气缸内空气压力增高到略高于排气管内压力后，排气阀 1 打开，压缩空气进入排气管，这个过程称为排气过程。活塞 3 的往复运动是由电动机带动曲柄转动，通过连杆、滑块、活塞杆转化为往复直线运动而产生的。图 2-4 中只展示了一个活塞和一个气缸的空气压缩机，大多数空气压缩机是多缸多活塞的组合。

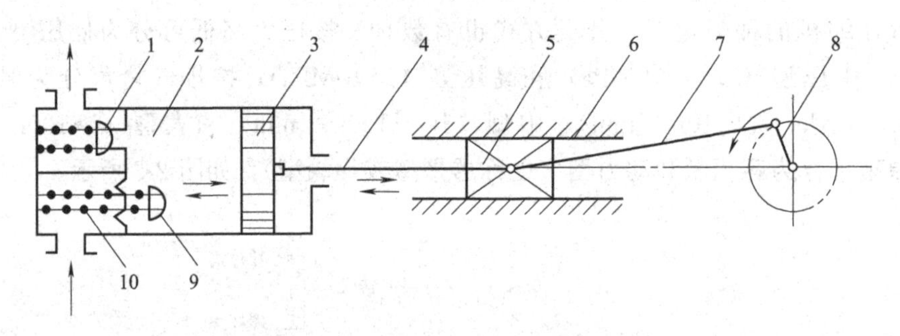

图 2-4　往复活塞式空压机的工作原理

1—排气阀；2—气缸；3—活塞；4—活塞杆；5—滑块；6—滑道；7—连杆；8—曲柄；9—吸气阀；10—弹簧

② 两级活塞式空压机　如图 2-5 所示，通常第一级将空气压缩到 0.3MPa，第二级将空气压缩到 0.7MPa。为了提高空气压缩机的工作效率，设置了中间冷却器，用来降低第二级活塞的进气口空气温度。

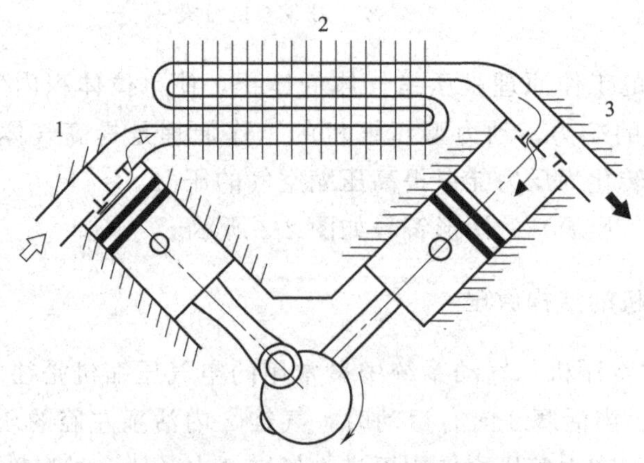

图 2-5　两级活塞式空压机的工作原理

1—第一级活塞；2—中间冷却器；3—第二级活塞

③ 叶片式空压机　主要由定子壳体、转子和叶片组成，如图 2-6 所示。转子偏心地安装在壳体内，其上有一组可在径向槽内滑动的叶片，当电动机带动转子旋转时，离心力使叶片与定子接触，压缩由壳体、转子和叶片组成的空间内的空气，转子每旋转一周，依次使多个单元容积的大小发生变化，实现容积增大时吸气，容积减小时压缩排气。

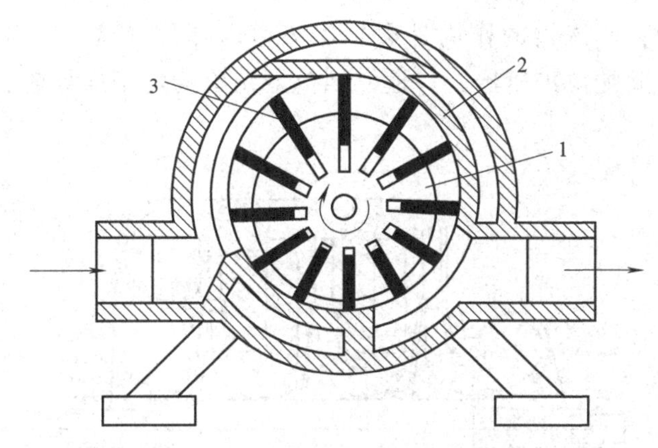

图 2-6　叶片式空压机的结构简图

1—转子；2—定子壳体；3—叶片

④ 离心式空压机　是一种叶片旋转式压缩机（即透平式压缩机）。图 2-7 所示为单级离心式空压机，汽轮机（或电动机）带动压缩机主轴上的叶轮 3 转动，在离心力作用下，气体被甩到叶轮后面的扩压器 4 中，而在叶轮中间形成气体稀薄区域，气体从左侧叶轮中间的进气口进入叶轮，由于叶轮不断旋转，气体能连续不断地被甩出去，从而保证了空压机中气体的连续流动。气体因离心作用增加了压力，以很大的

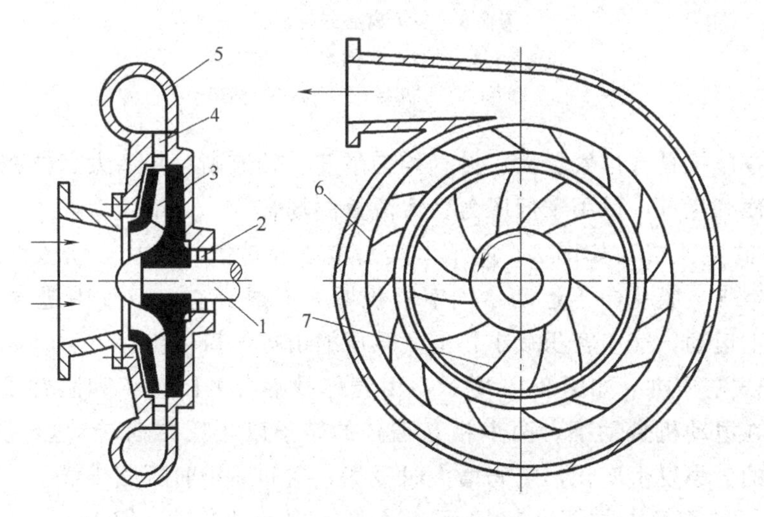

图 2-7　单级离心式空压机

1—轴；2—轴封；3—叶轮；4—扩压器；5—蜗壳；

6—扩压器叶片；7—叶轮叶片

速度离开叶轮进入扩压器，扩压器起扩压和导流作用。由于扩压器的通流面积逐渐增大，使气流速度逐渐降低，依据能量守恒与转换定律，部分动能转变为静压能，进一步实现增压。

如果一个工作叶轮得到的压力不够，可通过使多级叶轮串联起来工作的方法达到排气压力的要求，一般为5～9级，多则十几级。图2-8所示为多级离心式空压机，级间的串联通过弯道5和回流器6来实现。弯道起引导气流转向的作用，由离心方向转为向心方向流动；回流器的作用是通过靠流道内叶片导流，使气体无冲击地进入下一级叶轮中心。通常，扩压器、弯道、回流器统称为定子或导轮。

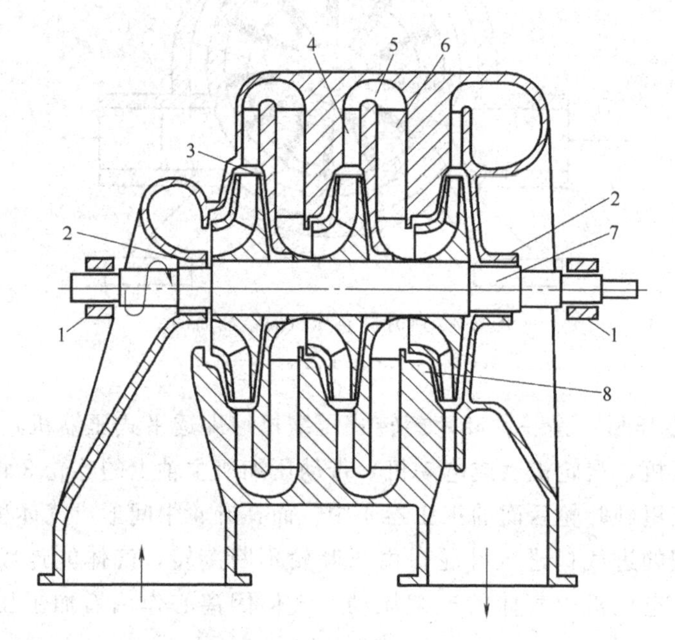

图2-8　多级离心式空压机

1—轴承；2—轴封；3—叶轮；4—扩压器；
5—弯道；6—回流器；7—轴；8—蜗壳

离心式空压机具有排气量大、排气均匀平稳、转速高、功率大、体积小、易损件少、维修方便等优点，适用于低压力、大流量的场合。

⑤ 膜片式空压机　如图2-9所示，其基本原理是依靠膜片运动改变气室容积的大小来压缩空气。膜片向下运动，气室容积增大形成真空，空气由进气口进入气室中；膜片向上运动，气室容积减小，空气被压缩由排气口输出。

⑥ 螺杆式空压机　如图2-10所示，由壳体及啮合的阳转子和阴转子等组成。压缩机工作时在电动机带动下，两个相互啮合的转子以相反方向转动，使螺杆与壳体组成的空间的大小发生变化，空间增大时吸气，空间缩小时压缩排气。

⑦ 轴流式空压机　如图2-11所示，由导向器、动叶片、静叶片、壳体等组成。压缩机工作时，气体先经进气管进入进气口导向器得到加速，随后进入动叶片，气体随着动叶片高速旋转，压力和速度都得到提高，然后气体进入静叶片，被引导到

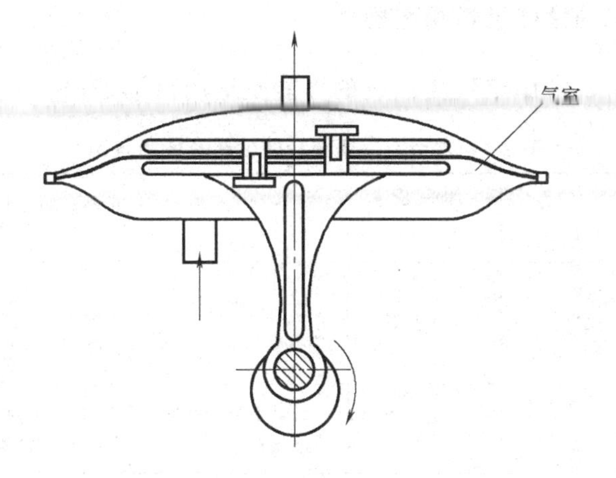

图 2-9　膜片式空压机的工作原理

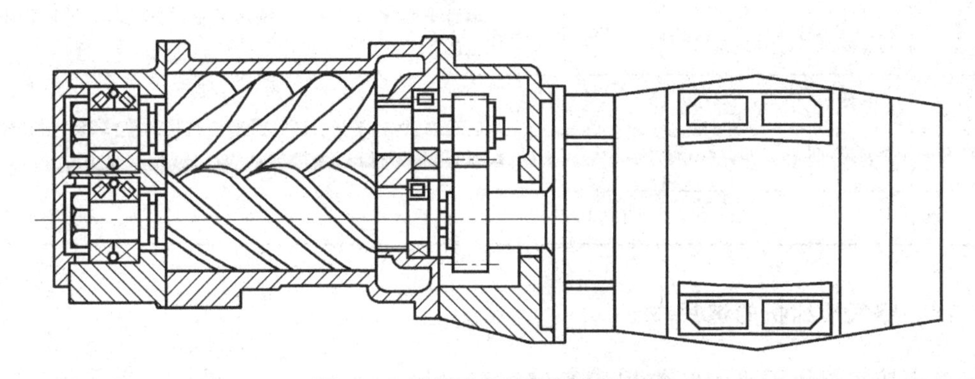

图 2-10　螺杆式空压机的结构简图

下一级动叶片，部分动能被转化为压力能，气体经过多级压缩后压力逐渐增大，经过最后一级加压后，气体经过静叶片整流导向，沿轴向经排气管排出。

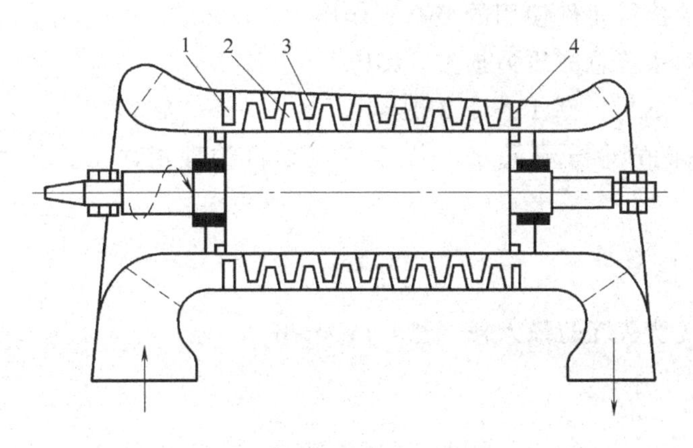

图 2-11　轴流式空压机的结构简图

1,4—导向器；2—动叶片；3—静叶片

(3) 空气压缩机的性能及适用范围

各类气动系统中，常用空气压缩机的性能及适用范围见表 2-1。

表 2-1 常用空气压缩机的性能及适用范围

压缩机类型		排气压力/MPa	排气量/(m^3/min)	特点及适用范围
活塞式	单级	<0.7	100 以下	适用压力范围广，排气量小于 100m^3/min 时压力损失小，效率高于回转式压缩机，排气有脉动
	两级	<1.0		
	多级	>1.0		
隔膜式	单级	<0.4	1 以下	气缸不需要润滑，密封性较好，排气不均匀，有脉动，适用于排气量较小、空气纯度要求高的场合
	两级	<0.7		
叶片式	单级	<0.5	6 以下	运转平稳、连续无脉动，密封困难，效率较低，适用于中低压范围
	两级	<1.0		
螺杆式	单级	<0.5	500 以下	运转平稳、连续无脉动，制造复杂，效率较低，适用于中低压范围
	两级	<1.0		
离心式	单级	<0.4	16～6300	转速高，运转平稳、连续无脉动，结构简单，维修方便，效率较低，适用于低压、大排气量的场合(排气量小时经济性能差)
	四级	<2.0		
	多级	<10		
轴流式		<10	400 以下	

(4) 空气压缩机的选用

首先按空气压缩机的特性要求来确定空气压缩机类型，再根据气动系统所需要的工作压力和流量两个参数来选取空气压缩机的型号。

① 空气压缩机的输出压力 p_c

$$p_c = p + \Sigma\Delta p \tag{2-1}$$

式中 p——气动执行元件使用的最高工作压力，MPa；

$\Sigma\Delta p$——气动系统总的压力损失，MPa。

一般情况下，$\Sigma\Delta p = 0.15 \sim 0.2$MPa。

② 空气压缩机的输出流量 q_c 设空气压缩机的理论输出流量为 q_b，则不设气罐时

$$q_b \geqslant q_{max} \tag{2-2}$$

式中 q_{max}——气动系统的最大耗气量，m^3/min。

设气罐时

$$q_b \geqslant q_a \tag{2-3}$$

式中 q_a——气动系统的平均耗气量，m^3/min。

空气压缩机实际输出流量 q_c 为

$$q_c = kq_b \tag{2-4}$$

式中　k——修正系数。

考虑气动元件、管接头等处的泄漏，风动工具等的磨损泄漏，可能增添新的气动装置和多台气动设备不一定同时使用等因素，通常可取 $k=1.5\sim2.0$。

另外，在结构特征方面，应考虑压缩机寿命、价格、气体脉动、噪声大小、无油润滑的必要性等因素。

(5) 空气压缩机的使用注意事项

① 空气压缩机用油　空气压缩机冷却良好，压缩空气温度为70～180℃，若冷却不好，则可达200℃以上。为了防止高温下压缩机用油发生氧化、变质，应使用厂家指定的油品，并定期更换。

② 空气压缩机的安装地点　选择空气压缩机的安装地点时，必须考虑周围空气清洁干燥（粉尘少、湿度小等），以保证吸入空气的质量。同时要严格遵守有关的噪声规定，必要时可采用隔声装置。

③ 空气压缩机的维护　空气压缩机启动前，应检查润滑油位是否正常，手动操作，使活塞往复运动1～2次，启动前和停车后，都应将小气罐中的冷凝水排掉。

2.1.2 后冷却器

(1) 后冷却器的功用与图形符号

后冷却器的功用是对压缩空气进行降温处理。一般从空气压缩机输出的压缩空气温度很高，压缩空气中所含的油、水均以气态的形式存在，为防止气态的油和水对气动设备造成损害，需在压缩机出口之后安装后冷却器，使压缩空气降温至40～50℃，使其中的大部分水汽、油雾凝结成水滴和油滴后分离。小型压缩机常与气罐装在一起，靠气罐表面冷却进行水和油的分离，大中型压缩机则常配置后冷却器。

冷却器的图形符号如图2-12所示。

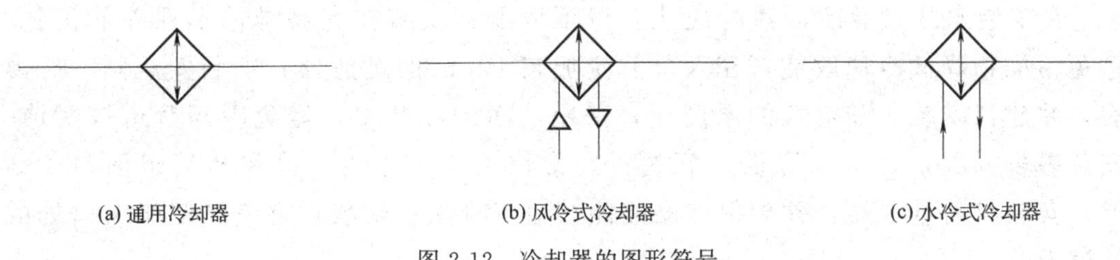

(a) 通用冷却器　(b) 风冷式冷却器　(c) 水冷式冷却器

图2-12　冷却器的图形符号

(2) 后冷却器的结构原理

按结构形式不同，后冷却器可分为蛇形管式、列管式、散热片式、管套式几种；按冷却方式不同，后冷却器又可分为风冷式和水冷式两种。

① 风冷式冷却器　如图 2-13 所示，由风扇将冷空气吹向散热管道，从压缩机输出的压缩空气进入冷却器后，经过较长的散热管道，使压缩空气冷却。风冷式冷却器具有占地面积小、重量轻、运转成本低、易维修等特点，适用于进口压缩空气温度低于 100℃和处理空气量较少的场合。

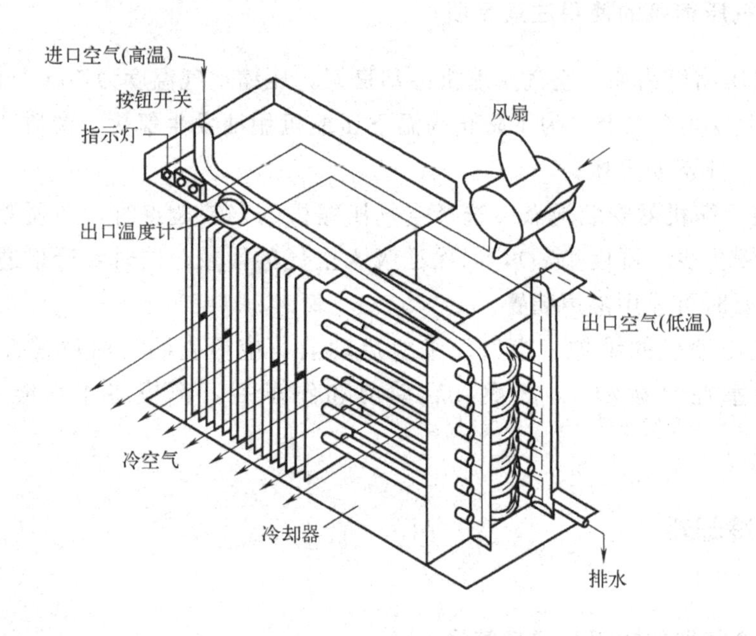

图 2-13　风冷式冷却器

② 水冷式冷却器　如图 2-14 所示，工作时，一般是冷却水在管内流动，空气在管间流动。水与空气的流动方向相反。因为水冷式冷却器的冷却介质为水，所以它的冷却效率较高。压缩空气在冷却过程中生成的冷凝液可通过排水器排出。水冷式冷却器具有散热面积大、热交换均匀、分水效率高等特点，常用于大中型压缩机，特别适用于进口压缩空气温度较高，且处理空气量较大、湿度大、粉尘多的场合。

在安装水冷式后冷却器时应注意以下问题：安装在容易维修和保养的位置；避免污染物降低冷却效能，在入口前应加装 10μm 的过滤器；安装安全阀、压力表，并建议安装水和空气的温度计；采用洁净的冷却水，避免冷却管道被腐蚀；安装警告开关，显示水源供应问题；经常检测出水温度，并保持管道清洁、畅通；安装自动排水器，并确保冷凝液能被适当排除；安装在空气压缩机出口处的管道上。

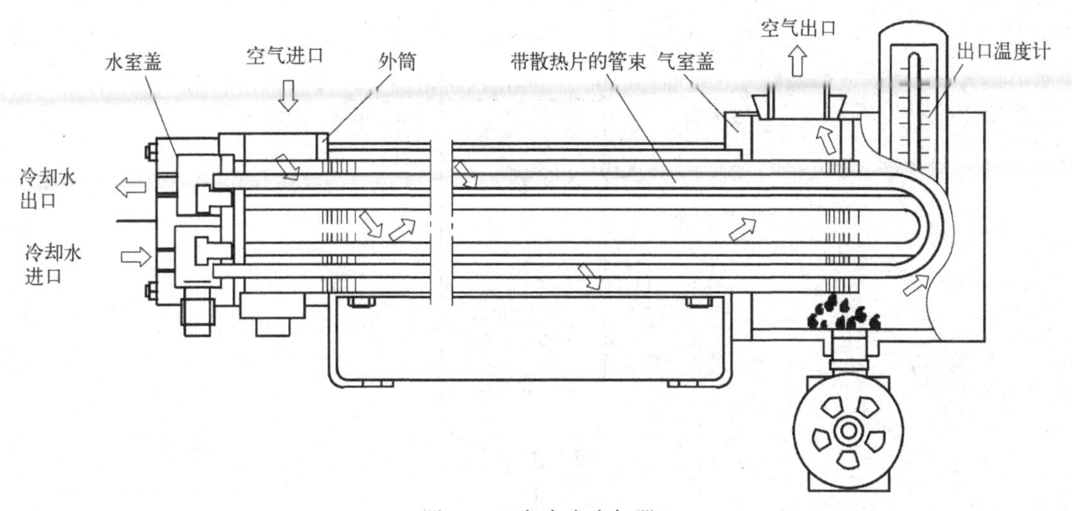

图 2-14　水冷式冷却器

2.1.3　储气罐

(1) 储气罐的功用与图形符号

储气罐的功用体现在三个方面：储存一定量的压缩空气，以备发生故障或临时应急使用；消除由于空气压缩机断续排气而对系统造成的压力脉动，保证输出气流的连续性和平稳性；进一步分离压缩空气中的油和水等。

图 2-15 所示为储气罐的图形符号。

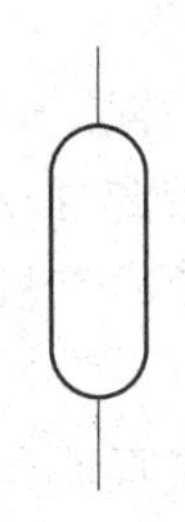

图 2-15　储气罐的图形符号

(2) 储气罐的结构原理

储气罐一般采用圆筒状焊接结构，有立式和卧式两种，以立式居多，如图 2-16 所示。立式储气罐的高度为其直径的 2～3 倍，进气管在下，出气管在上，并尽可能加大两管之间的距离，以利于进一步分离空气中的油和水。同时，储气罐上应配置安全阀、压力表、排水器和检查清理用的孔口等。

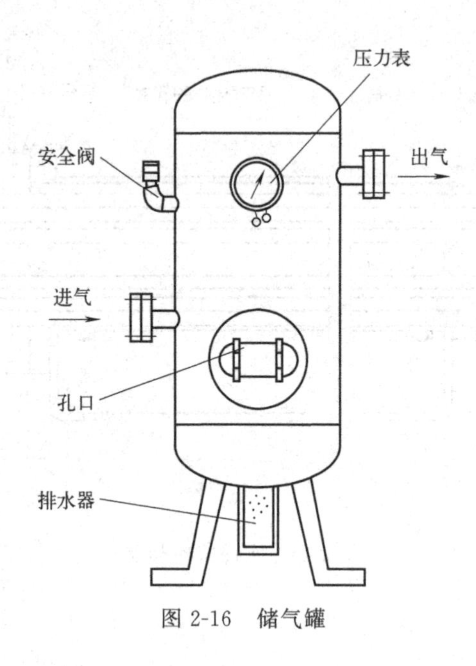

图 2-16　储气罐

2.2　气源处理元件

自然界的空气中含有一些固体颗粒及水分等，压缩时压缩机中也有部分润滑油会混入压缩空气中，因此经压缩机产生的压缩空气会含有灰尘、水和油等各种杂质。在气动系统中，直接使用这种未经净化处理的气体，会使气动元件的寿命降低或损坏，引起气动系统故障，导致生产效率降低、维修成本增高。因此，压缩空气净化处理是气动系统中必不可少的一个重要环节。

空气必须经气源处理元件净化的具体原因如下。

① 混在压缩空气中的油蒸气可能聚集在储气罐、管道中形成易燃物，有引起爆炸的危险；另外，润滑油被汽化后易形成有机酸，对金属设备、气动装置有腐蚀作用，影响其寿命。

② 混在压缩空气中的杂质能沉积在管道和气动元件的通道内，减少了通流面积，增加了管道阻力。特别是对内径只有 0.2～0.5mm 的某些气动元件，会造成阻塞，使压力信号不能正确传递，导致整个气动系统不能稳定工作甚至失灵。

③ 压缩空气中含有的饱和水分，在一定的条件下会凝结成水，并聚集在个别管道中。在寒冷的冬季，凝结的水会结冰而使管道及附件损坏，影响气动装置的正常工作。

④ 压缩空气中的灰尘等杂质，对气动系统中作往复运动或转动的气动元件（如气缸、气马达、气动换向阀等）会产生研磨作用，使这些元件磨损，导致漏气而降低效率，并影响它们的使用寿命。

2.2.1 过滤器

(1) 过滤器的功用与图形符号

过滤器的功用是进一步滤除压缩空气中的杂质。气体经压缩后，先经主管再到各支管，不同的场合，对压缩空气的要求也不同。为除去压缩空气中的杂质，在主管中设置主管过滤器，在支管中再按工作需要装设各种除尘、除油或除臭的过滤器。过滤器的图形符号如图 2-17 所示。

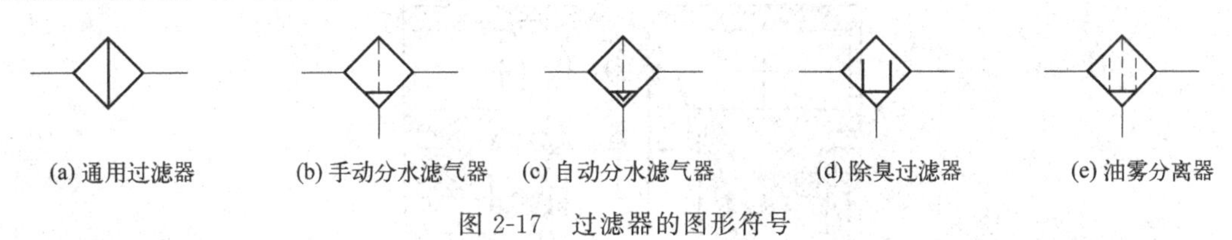

图 2-17 过滤器的图形符号

(2) 过滤器的结构原理

① 主管过滤器 其作用主要是除去压缩空气中的灰尘、水滴和油污。如图 2-18

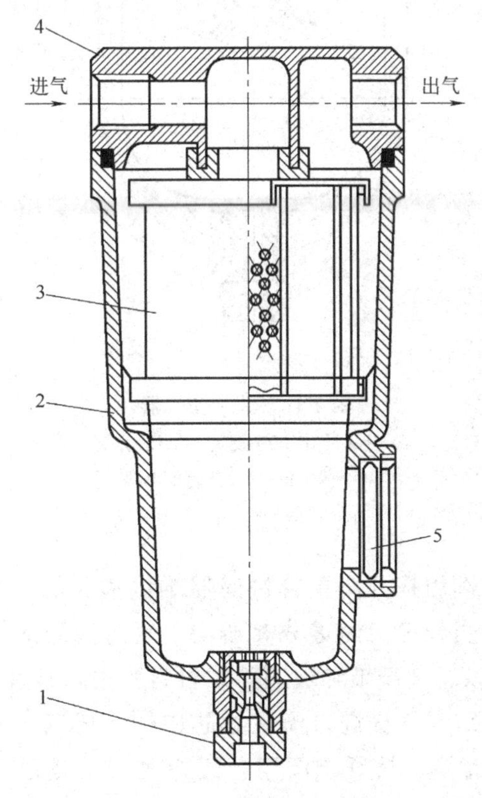

图 2-18 主管过滤器

1—手动排水器；2—外罩；3—滤芯；4—主体；5—观察窗

所示，进入主管过滤器的压缩空气经滤芯3，水滴、油污、灰尘被过滤出来，进入过滤器的下部，经排水器排出。

② 分水滤气器　如图2-19所示，从进口流入的压缩空气经旋风叶片导流后形成旋转气流，在离心力的作用下，空气中所含的液态水、油和其他杂质被甩到存水杯的内壁上，并沿着杯壁流到底部，经排水器排出。已去除液态水、油和其他杂质的压缩空气从出口流出。挡水板可防止积存在存水杯底部的液态水、油再次被卷入气流中。

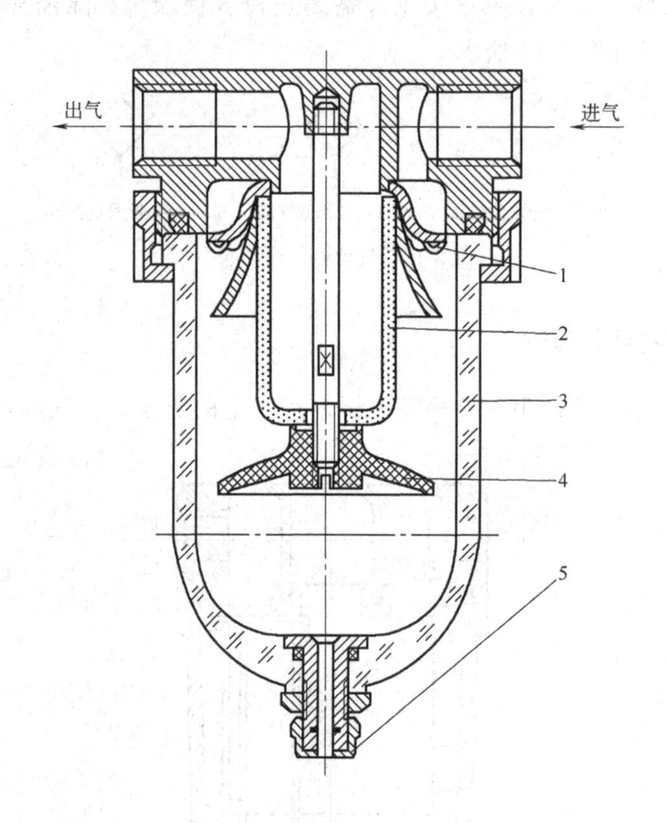

图2-19　分水滤气器

1—旋风叶片；2—滤芯；3—存水杯；4—挡水板；5—手动排水器

③ 油雾分离器　其作用是分离主管过滤器难以去除的0.3～5μm气溶胶油粒子及大于0.3μm的锈末、炭粒等。油雾分离器与主管过滤器的结构类似，仅滤芯材料不同。油雾分离器滤芯以超细纤维和玻璃纤维材料为主，具有较大的吸附面积。

如图2-20所示，压缩空气从进口流入滤芯内侧，再流向外侧。进入纤维层的油粒子相互碰撞或与纤维碰撞，被纤维吸附，逐渐增大变成油滴，在重力作用下流到杯子底部，经排水器排出。

④ 除臭过滤器　其作用是除去压缩空气中的气味。如图2-21所示，其与主管过

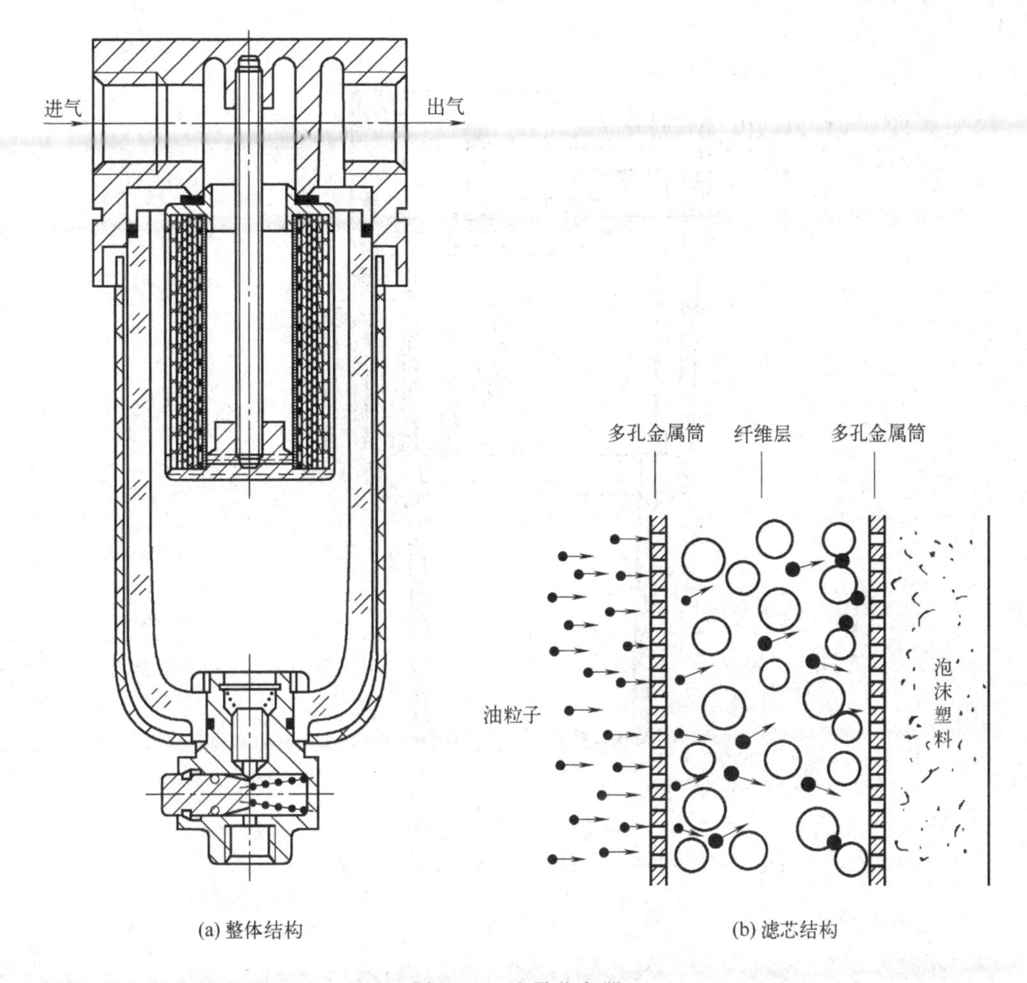

图 2-20　油雾分离器

滤器的工作原理相似，主要不同之处在于其滤芯采用的是吸附面积较大的碳纤维材料。

2.2.2　油水分离器

(1) 油水分离器的功用与图形符号

油水分离器的功用是将压缩空气中的水、油和灰尘等分离出来。其安装在后冷却器出口管道上。

图 2-22 所示为油水分离器的图形符号。

(2) 油水分离器的结构原理

油水分离器有环形回转式、撞击挡板式、离心旋转式、水浴式以及以上形式的

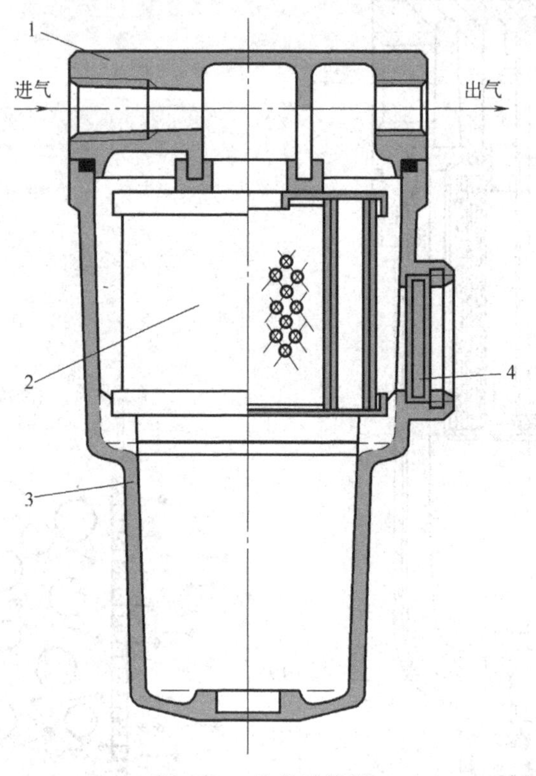

图 2-21　除臭过滤器

1—主体；2—滤芯；3—外罩；4—观察窗

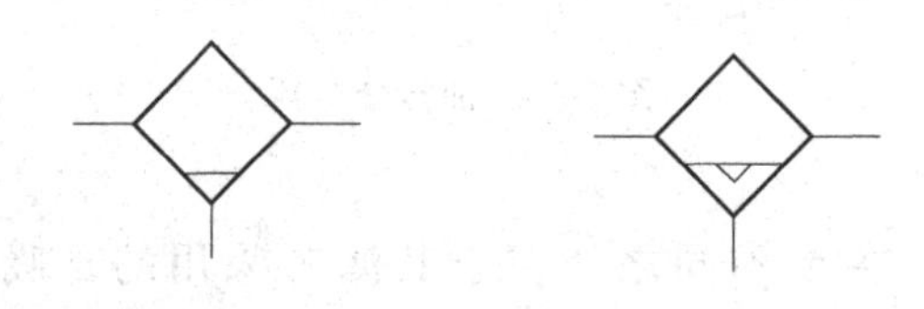
(a) 手动排水油水分离器　　(b) 自动排水油水分离器

图 2-22　油水分离器的图形符号

组合等。撞击挡板式油水分离器如图 2-23 所示，当压缩空气进入后，气流受到隔板的阻挡，速度和流向发生了急剧变化，压缩空气中凝结的水滴、油滴以及灰尘等杂质受到惯性力作用而被分离出来。

2.2.3 排水器

排水器用于排除空气管道、储气罐、过滤器等低处的积液，按其工作方式可分为手动和自动两种，自动排水器按其结构原理又可分为浮子式、弹簧式、压差式和电动式几种。

图 2-24 所示为电动式自动排水器。电动机驱动凸轮旋转，拨动杠杆，使阀芯每

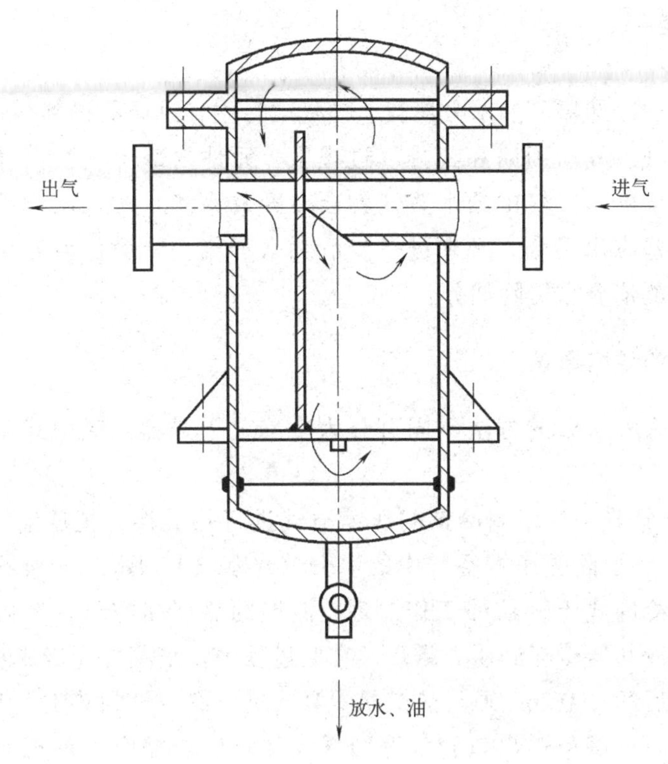

图 2-23　撞击挡板式油水分离器

分钟动作 1～4 次，即排水口开启 1～4 次。按下手动按钮同样也可排水。

电动式自动排水器的特点：可靠性高，高黏度液体也可排出；排水能力大；可将气路末端或最低处的污水排尽，以防管道锈蚀及污水干后产生的污染物危害下游的元件；抗振能力强。

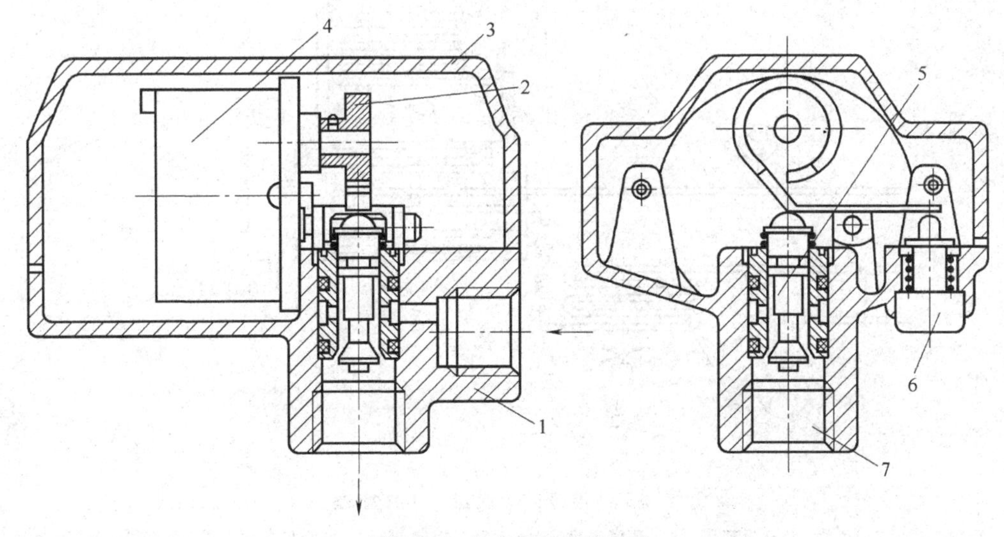

图 2-24　电动式自动排水器

1—主体；2—凸轮；3—外罩；4—电动机；5—阀芯组件；6—手动按钮；7—排水口

2.2.4 干燥器

压缩空气经后冷却器、油水分离器、储气罐、主管过滤器得到初步净化后，仍含有一定量的水蒸气。气动回路在充排气过程中，元件内部中气流高速流动处或绝热膨胀处，温度要下降，空气中的水蒸气就会冷凝成水滴，对气动元件的工作产生不利的影响。故有些应用场合，必须进一步清除水蒸气。干燥器就是用来进一步清除水蒸气的，但不能依靠它清除油分。

(1) 干燥器的结构原理

干燥器根据去除水分的方法不同可分为冷冻式干燥器、吸附式干燥器、中空膜式干燥器等。

① 冷冻式干燥器　利用制冷剂与压缩空气进行热交换，把压缩空气冷却至2～10℃（压力露点），以除去压缩空气中的水分（水蒸气）。图2-25所示为带后冷却器及自动排水器的冷冻式干燥器的工作原理。潮湿的热压缩空气，经风冷式后冷却器冷却后，再流入冷却器冷却到压力露点。在此过程中，水蒸气冷凝成水滴，经自动排水器排出。除湿后的冷空气，通过热交换器吸收进口侧空气的热量，温度上升。提高输出空气的温度，可避免输出口管外壁结霜，并降低压缩空气的相对湿度。处于不饱和状态的干燥空气从输出口流出，供气动系统使用。只要输出空气温度不低于压力露点温度，就不会出现水滴。压缩机将制冷剂压缩以升高压力，经冷凝器冷却，使制冷剂由气态变成液态。液态制冷剂在毛细管中被减压，变为低温易蒸发的液态。

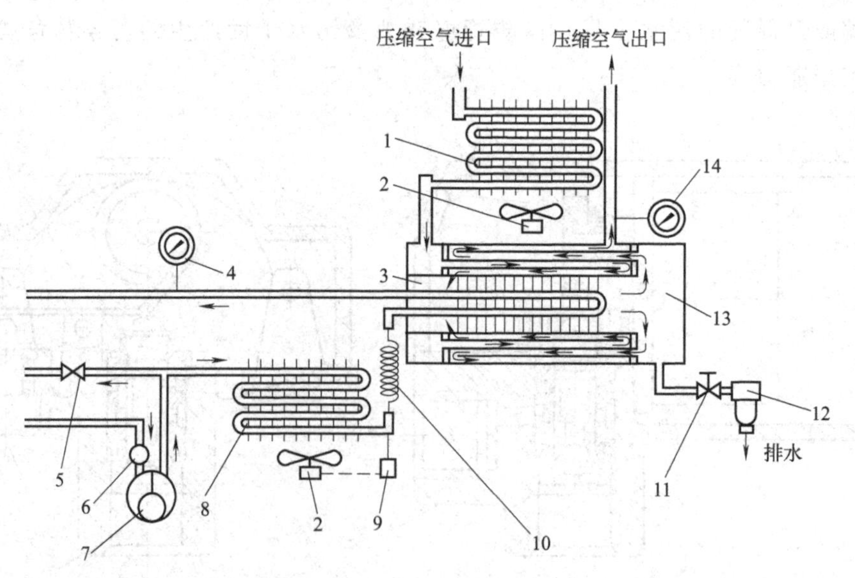

图2-25　冷冻式干燥器的工作原理

1—后冷却器；2—风扇；3—冷却器；4—蒸发温度表；5—容量控制阀；6—抽吸储气罐；7—压缩机；8—冷凝器；9—压力开关；10—毛细管；11—截止阀；12—自动排水器；13—热交换器；14—出口空气压力表

在热交换器中，与压缩空气进行热交换，并被汽化。汽化后的制冷剂再回到压缩机中进行循环压缩。

② 吸附式干燥器　利用某些具有吸附水分性能的吸附剂（如活性氧化铝、分子筛、硅胶等）来吸附压缩空气中的水分。如图 2-26 所示，潮湿的压缩空气从进气口进入，经过上吸附层、滤网、上栅板、下吸附层，其中的水分被吸附，干空气通过滤网、栅板、毛毡层的进一步过滤，杂质被滤掉，干燥洁净的空气从排气口排出。

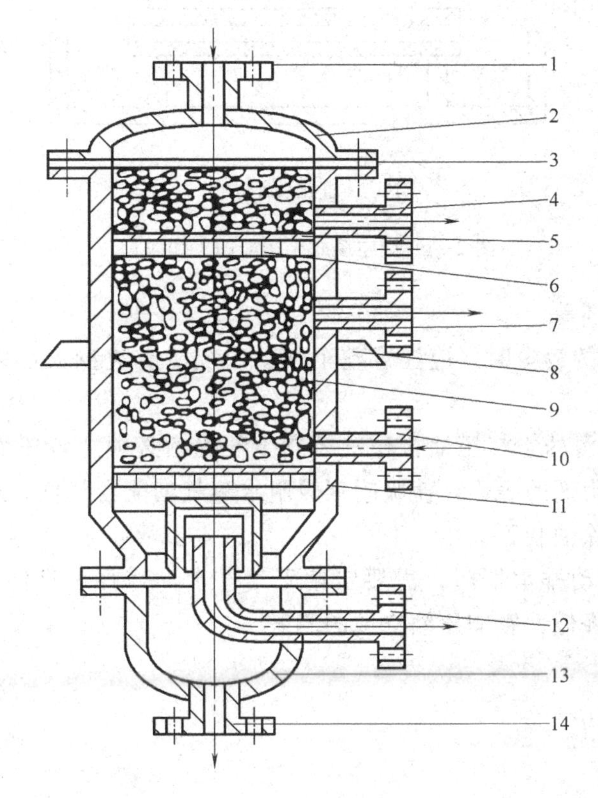

图 2-26　吸附式干燥器的结构简图

1—湿空气进气口；2—上封头；3—密封；4,7—再生空气排气口；5—钢丝滤网；6—上栅板；8—支撑架；9—下吸附层；10—再生空气进气口；11—主体；12—干空气排气口；13—下封头；14—排水口

③ 中空膜式干燥器　如图 2-27 所示，当湿的压缩空气进入中空膜内侧时，在隔膜内、外侧的水蒸气分压力差的作用下，仅水蒸气透过隔膜，进入中空膜的外侧，出口便得到干燥的压缩空气。利用部分出口的干燥压缩空气，通过极细的小孔降压，流向中空膜外侧，将水蒸气带出干燥器外。因中空膜外侧总处于低的水蒸气分压力状态，故能不断进行除湿。

(2) 干燥器的选用

① 使用空气干燥器时，必须确定气动系统的露点温度，然后才能确定干燥器的

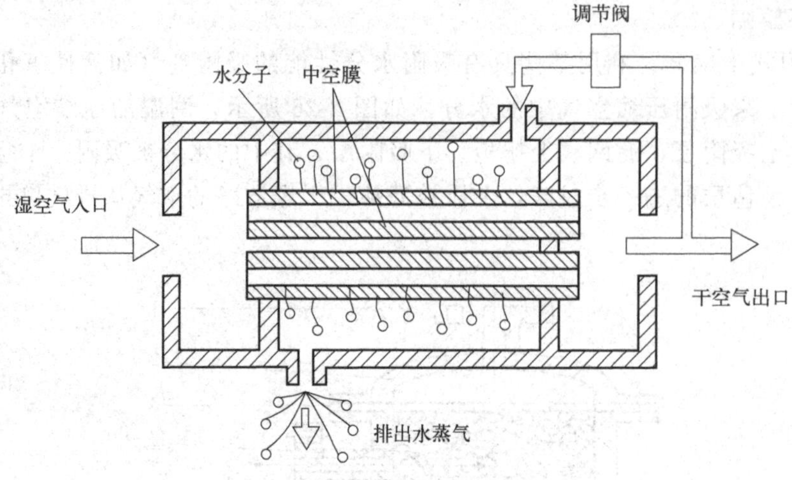

图 2 27　中空膜式干燥器的工作原理

类型和使用的吸附剂等。

② 决定干燥器的容量时，应注意整个气动系统所需流量大小以及输入压力、输入端的空气温度。

③ 若用有油润滑的空气压缩机作气压发生装置，必须注意压缩空气中混有油粒子，油能黏附于吸附剂的表面，使吸附剂吸附水蒸气的能力降低。对于这种情况，应在空气入口处设置除油装置。

④ 干燥器无自动排水器时，需要定期手动排水，否则一旦混入大量冷凝水后，干燥器的效率就会降低，影响压缩空气的质量。

2.3 气动辅件

2.3.1 润滑元件

气动系统中使用的许多元件和装置都有滑动部分，为使其能正常工作，需要进行润滑。然而，以压缩空气为动力源的气动元件滑动部分构成了密封气室，不能用普通的方法注油，只能用某种特殊的方法进行润滑。按工作原理不同，润滑可分为供油润滑和不供油润滑。

(1) 供油润滑元件

为保证气动元件工作可靠，延长其使用寿命，常常对控制阀和气缸采取润滑措施。在封闭的空气管道内不能随意向气动元件注入润滑油，这就需要一种特殊的供油装置——油雾器。它以空气为动力，使润滑油雾化后进入空气流中，并随空气注入需要润滑的部件，达到润滑的目的。其特点是润滑均匀、稳定且耗油量小。

如图 2-28 所示，压缩空气从进口进入后，大部分从出口排出，一小部分气体经过喷嘴组件 1 上的孔 a 进入截止阀 3 后再进入油杯 4 上方的 c 腔中，油液在压缩空气的压力作用下沿吸油管 5、单向阀 6 和节流针阀 7 滴入透明的视油器 8 内，进而滴入主管内。油滴在主管内高速气流的作用下被撕裂成微小颗粒，随气流进入之后的气动元件中。

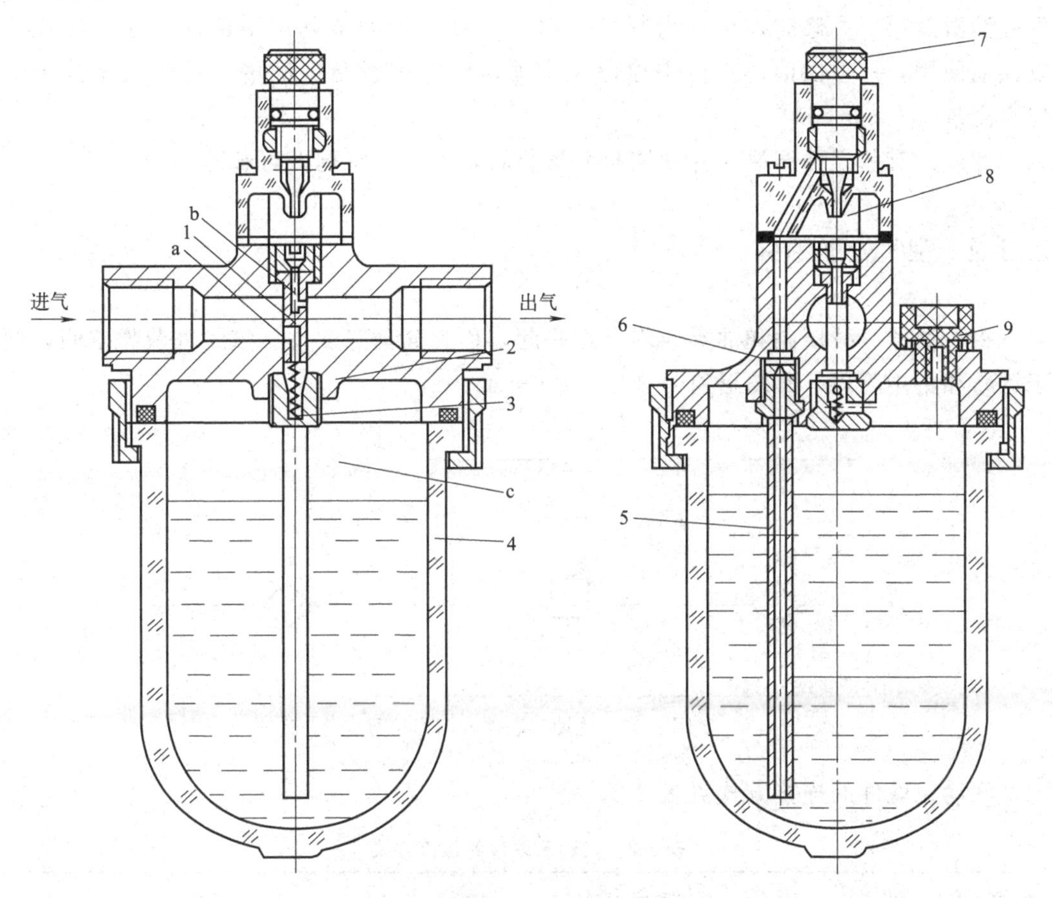

图 2-28　油雾器

1—喷嘴组件；2—阀座；3—截止阀；4—油杯；5—吸油管；
6—单向阀；7—节流针阀；8—视油器；9—油塞

油雾器选择的主要依据是气动系统所需额定流量及油雾粒径大小。所需油雾粒径在 50μm 左右选用普通油雾器。若需油雾粒径很小可选用二次油雾器。油雾器一般应配置在分水滤气器和减压阀之后，尽量靠近用气设备。

(2) 不供油润滑元件

有些气动系统不允许供油润滑，例如食品和医药领域，因为润滑油粒子会在食品和药品的包装、输送过程中污染食品和药品。在其他方面，例如影响工业原料的性质、影响喷涂表面及电子元件表面的质量、可能引起工业炉起火、影响气动测量仪的测量准确性等，也限制了供油润滑方式的采用。

不供油润滑元件滑动部位的密封件采用特殊形状，并设有滞留槽，内存润滑脂，以保证润滑可靠。不供油润滑元件不仅减少了润滑设备、节省了润滑剂、改善了工作环境，而且减少了维护工作量、降低了成本。另外，其润滑效果与流量、压力、管路状况无关，也不会由于忘记加油而造成危害。

不供油润滑应注意以下几点：要防止大量水分进入元件内，以免冲掉润滑剂而失去润滑效果；大修时，需在密封件的滞留槽内添加润滑脂；不供油润滑元件也可以供油使用，一旦供油，不得中途停止供油，因为润滑脂被润滑油冲掉就不能再保持自润滑。

此外，有些无油润滑元件使用自润滑材料，不需润滑剂即可长期工作。

2.3.2 空气处理组件

将过滤器、减压阀和油雾器组合在一起，称为气动三联件。该组件节省空间，便于维修和集中管理。其图形符号如图 2-29 所示。

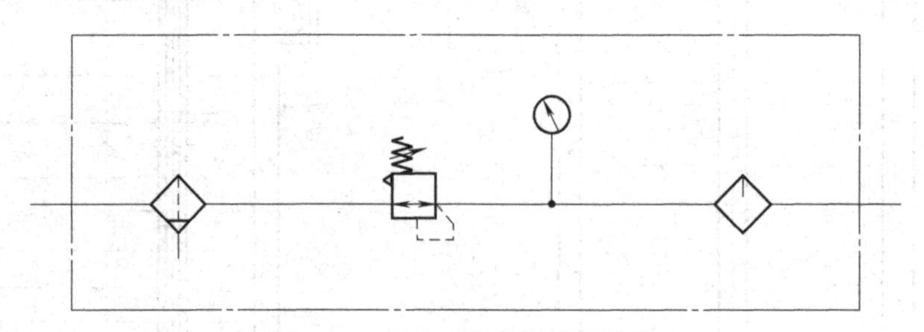

图 2-29 气动三联件的图形符号

气动三联件的连接方式见表 2-2。

表 2-2 气动三联件的连接方式

连接方式	连接原理	特点
管连接	用配管螺纹将各件连接成一个组件	轴向尺寸长。装配时，为保证各件处于同一平面内，较难保证密封。装卸时，易损坏连接螺纹
螺钉连接	用两个或四个长螺钉，将几件连成一个组件	轴向尺寸短。为了留出连接螺钉的空间，各件体积要加大。大通径元件，保证密封较难
插入式连接	把各件插装在同一支架中组合而成。插入支架后用螺母吊住。支架与阀体相结合处用 O 形密封圈密封。为防止阀体与接头接触不严，两端备有紧固螺钉	结构紧凑，使用维修方便。其中一个元件失效，用手拧下吊住阀体的吊盖，即可卸下失效元件更换
模块式连接	运用斜面原理，把两个元件拉紧在一起，中间加装密封圈，只需上紧螺钉即可完成装配	安装简易，密封性好，易于标准化、系列化，轴向尺寸略长

2.3.3 消声器

在执行元件完成动作后，压缩空气便经换向阀的排气口排入大气。由于压力较高，一般排气速度接近声速，空气急剧膨胀，引起气体振动，便产生了强烈的排气噪声。噪声强弱与排气速度、排气量和排气通道的形状有关。排气噪声一般可以达到80～100dB。这种噪声使工作环境恶化，人体健康受到损害，工作效率降低。一般车间内噪声高于75dB时，都应采取消声措施。

消声器的图形符号如图2-30所示。

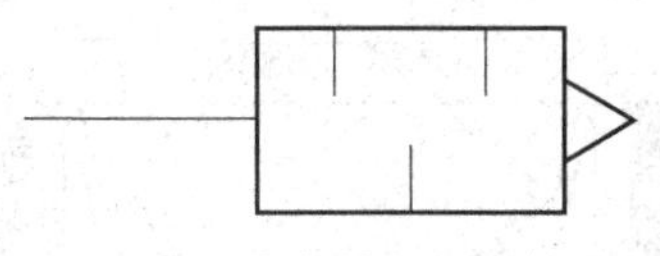

图2-30 消声器的图形符号

(1) 消声器的种类

目前使用的消声器种类繁多，常用的有以下几种类型。

① 吸收型消声器 通过多孔的吸声材料吸收声音，如图2-31所示。一般情况下，要求通过消声器的气流流速不超过1m/s，以减小压力损失，提高消声效果。吸收型消声器具有良好的消除中、高频噪声的性能，一般可降低噪声20dB以上。

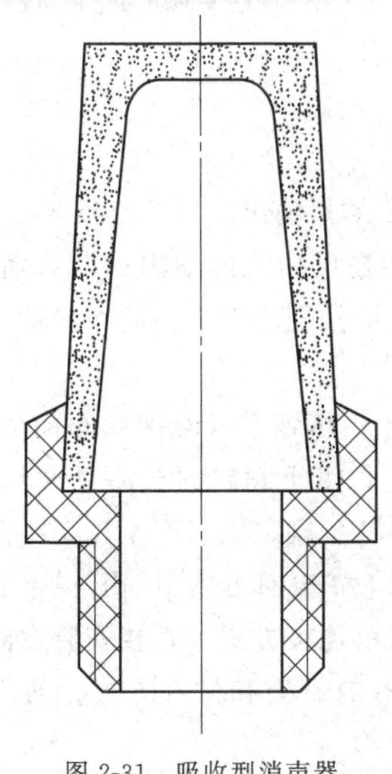

图2-31 吸收型消声器

② 膨胀干涉型消声器　这种消声器的直径比排气孔径大得多，气流在里面扩散、碰撞、反射、互相干涉，减弱了噪声强度，最后气流通过非吸声材料制成的、开孔较大的多孔外壳排入大气。其主要用来消除中、低频噪声。

③ 膨胀干涉吸收型消声器　如图 2-32 所示，其消声效果特别好，低频可消声约 20dB，高频可消声约 50dB。

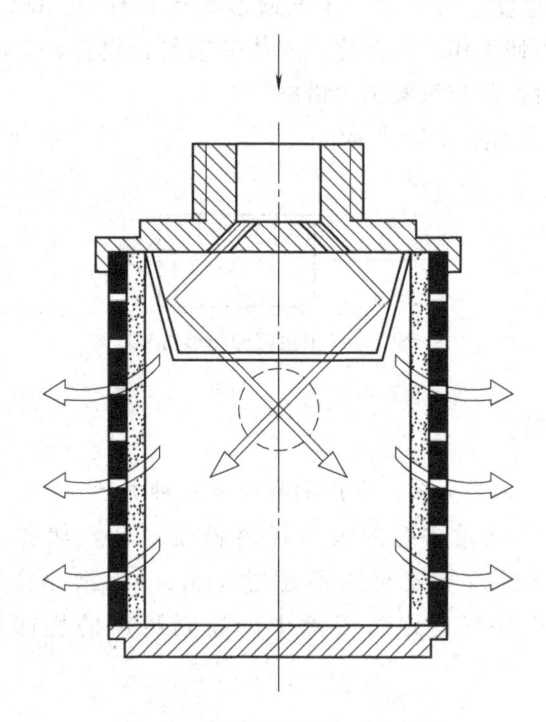

图 2-32　膨胀干涉吸收型消声器

(2) 消声器的应用

① 压缩机输出端消声　压缩机输出的压缩空气未经处理前有大量的水分、油雾、灰尘等，若直接将消声器安装在压缩机的输出口，对消声器的工作是不利的。消声器安装位置应在储气罐之前，即按照压缩机、后冷却器、油水分离器、消声器、储气罐的顺序安装。

② 阀消声　在气动系统中，压缩空气经换向阀向气缸等执行元件供气；动作完成后，又经换向阀向大气排气。由于阀内的气路复杂而又十分狭窄，压缩空气以近声速的流速从排气口排出，空气急剧膨胀，产生高频噪声。排气噪声与压力、流量等因素有关，阀的排气压力为 0.5MPa 时可达 100dB 以上。执行元件速度越高，噪声也越大。阀用消声器一般采用螺纹连接方式，直接安装在阀的排气口上。

图 2-33 所示为阀用消声器的结构和排气方式。通常在罩壳中设置了消声元件，并在罩壳上开有许多小孔或沟槽。

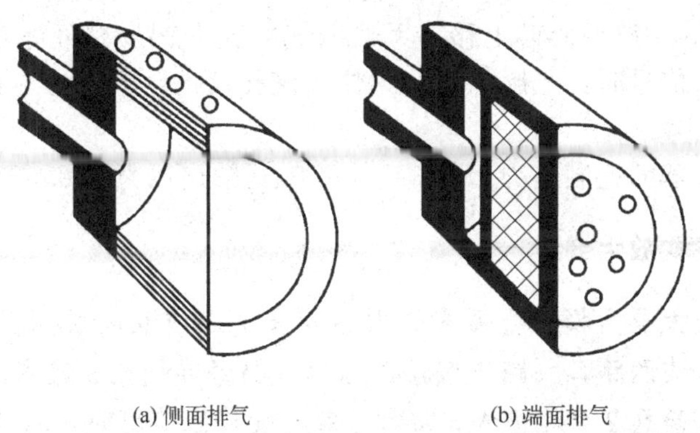

(a) 侧面排气　　(b) 端面排气

图 2-33　阀用消声器的结构和排气方式

2.3.4　气动放大器

在气动系统中，信号传感部分、控制部分和执行部分的气体压力和流量不可能也不必要一致。气动传感器输出压力为几十至几千帕，气动阀控制压力一般为 0.1～0.6MPa，气缸工作压力一般为 0.3～0.8MPa，且流量也大得多。利用低压控制信号来获得高压或大流量输出信号的装置称为气动放大器。按其结构形式可分为膜片截止式、膜片滑柱式和膜片滑块式等；按其功能可分为单向式（一个控制口、一个输出口）、单控双向式（一个控制口、两个输出口）和双控双向式。有些场合也可用它作为控制元件，直接推动执行机构动作。

(1) 膜片截止式放大器

膜片截止式放大器的结构原理如图 2-34 所示。气源 p_s 进入放大器后分两路，当

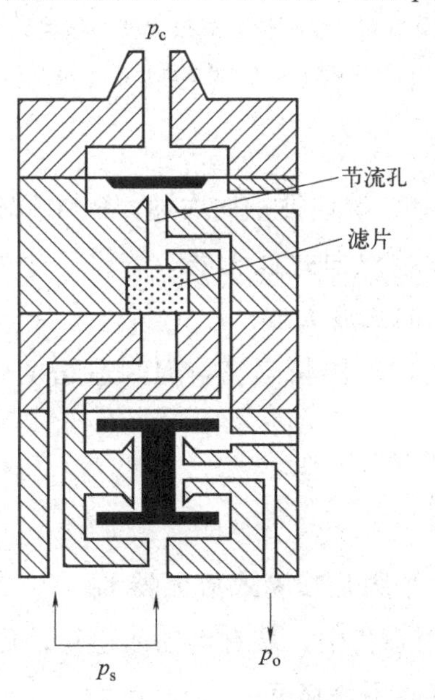

图 2-34　膜片截止式放大器的结构原理

无控制信号 p_c 时，一路使阀芯上移，无输出信号 p_o，另一路经滤片和节流孔从排气口排出。当有控制信号时，上膜片硬芯封住节流孔喷嘴，下膜片上腔气压升高，使阀芯下移，有输出信号 p_o。

这种气动放大器的控制压力为0.6～1.6kPa，输出压力为0.6～0.8MPa。

(2) 膜片滑柱式放大器

膜片滑柱式放大器由膜片喷嘴式放大器和一个二位五通滑阀组成，如图2-35所示。气源输入后分成两路，一路直接输出，另一路经导气孔3进入滑柱中心孔内，再经滑柱两端的恒节流孔2和4进入a室和b室。无控制信号时，a、b两室的气体经喷嘴1和5由排气孔排出。

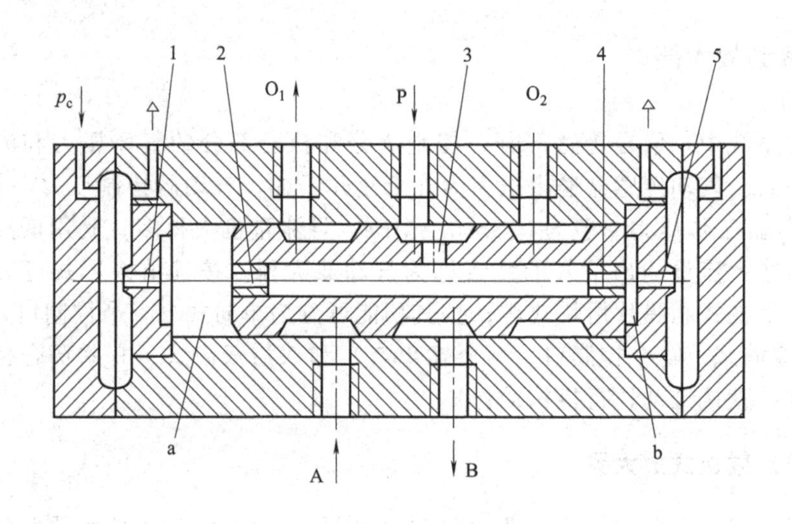

图2-35　膜片滑柱式放大器的结构原理

1,5—喷嘴；2,4—恒节流孔；3—导气孔

仅左边有控制信号 p_c 时，滑柱被推向右端，B口有输出。仅右边有控制信号时，A口有输出。此放大器属双控双向式放大器，若将一边的膜片喷嘴放大部分换成弹簧，则成弹簧复位的单控双向式放大器。

此放大器输出流量较大，动作频率高，但制造精度要求较高，对气源洁净度要求也高。

(3) 膜片滑块式放大器

膜片滑块式放大器由两个膜片喷嘴式放大器和一个二位四通滑块式换向阀组成，如图2-36所示。在阀芯的中心孔中，装有浮动的通针，形成缝隙气阻。换向过程中，通针来回在小孔中移动，气阻不易堵塞。

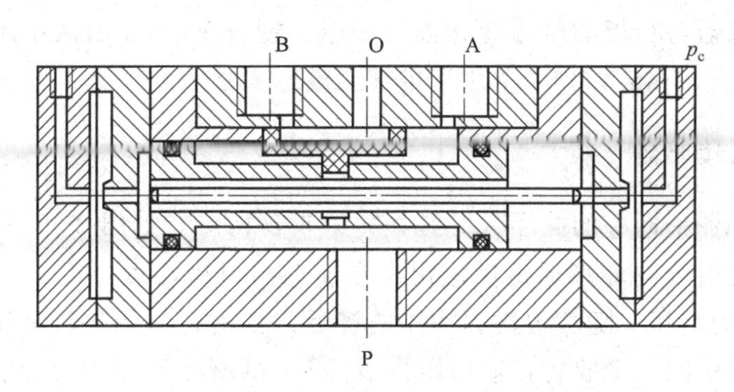

图 2-36　膜片滑块式放大器的结构原理

2.3.5　气动传感器

气动传感器的转换信号是空气压力信号，按检测探头和被测物体是否直接接触，气动传感器可分为接触式和非接触式两种。这里重点讨论几种非接触式气动传感器。

(1) 背压式传感器

背压式传感器是利用喷嘴挡板机构的变节流原理构成的。喷嘴挡板机构由喷嘴2、挡板1和恒节流孔3等组成，如图2-37所示。压力为 p_s 的稳压气体经恒节流孔（一般孔径为0.4mm左右）至背压室，从喷嘴（一般孔径为0.8～2.5mm）流入大气。

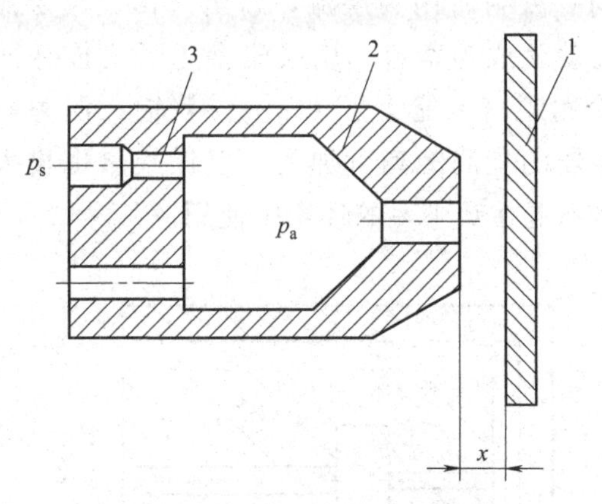

图 2-37　背压式传感器的结构原理

1—挡板；2—喷嘴；3—恒节流孔

背压室内的压力 p_a 是随挡板和喷嘴之间的距离 x 变化而变化的。当 $x=0$ 时，$p_a=p_s$；随着 x 增加，p_a 逐渐减小；当 x 增至一定值后，p_a 基本上与 x 无关，且降至大气压力附近。

背压式传感器对挡板的位移变化极为敏感，能分辨 2μm 的微小距离变化，有效检测距离一般在 0.5mm 以内，常用于精密测量。

(2) 反射式传感器

反射式传感器由同心的圆环状发射管和接收管构成，如图 2-38 所示。压力为 p_s 的稳定气体从发射管的环形通道中流出，在喷嘴出口中心区产生一个低压旋涡，使输出的压力 p_a 为负压。随着被检测物体的接近，自由射流受阻，负压旋涡消失，部分气流被反射到中间的接收管，输出压力 p_a 随 x 的减小而增大。反射式传感器的最大检测距离在 5mm 左右，最小能分辨 0.03mm 的微小距离变化。

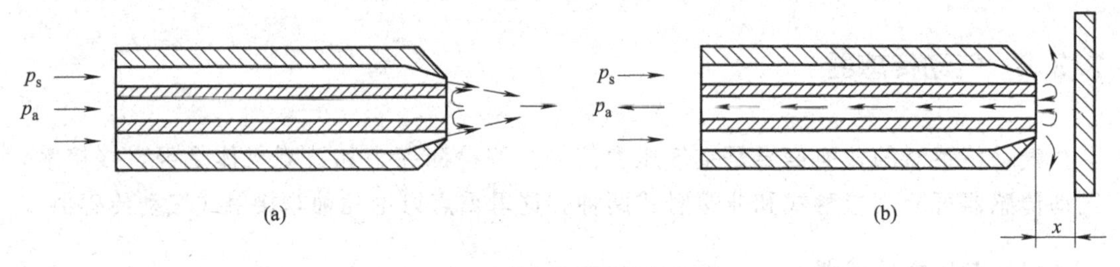

图 2-38　反射式传感器的结构原理

(3) 遮断式传感器

遮断式传感器由发射管 1 和接收管 2 组成，如图 2-39 所示。当间隙不被挡板 3 隔断时，接收管有一定的输出压力 p_a；当间隙被隔断时，p_a 为零。当输入压力 p_s 较低（如 0.01MPa）时，发射管内为层流，射出气体也呈层流状态。层流对外界的扰动非常敏感，稍受扰动就成为紊流。用层流型遮断式传感器检测物体的位置时具有很高的灵感度，但检测距离不能大于 20mm。若输入压力较高，则发射管内为紊流。紊流型遮断式传感器的检测距离可加大，但耗气量也增大，且检测灵敏度不及层流型。遮断式传感器不能在灰尘多的环境中使用。

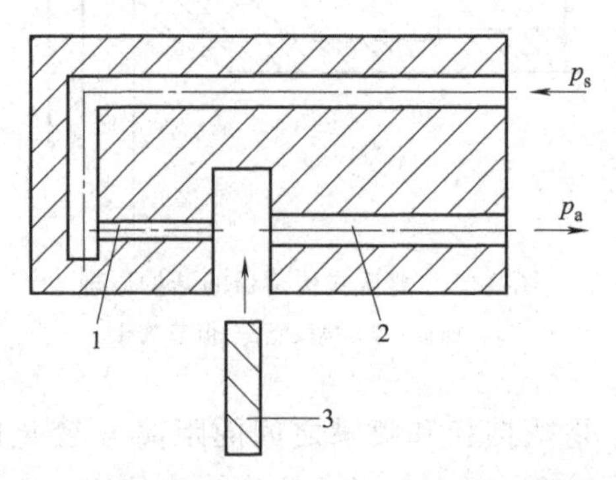

图 2-39　遮断式传感器的结构原理

1—发射管；2—接收管；3—挡板

(4) 对冲式传感器

对冲式传感器的工作原理如图 2-40 所示。进入发射管 1 的气流分成两路，一路从发射管流出；另一路经节流孔 2 进入接收管 3 从喷嘴流出。这两股气流都处于层流状态，并在靠近接收管出口处相互冲撞形成冲击面，使从接收管流出的一股气流被阻滞，从而形成输出压力 p_a。节流孔径越小，冲击面越靠近接收管出口，则检测距离越大。当发射管与接收管之间有物体存在时，主射流受物体阻碍，冲击面消失，接收管内气流可通畅地流出，输出压力 p_a 近似为零。

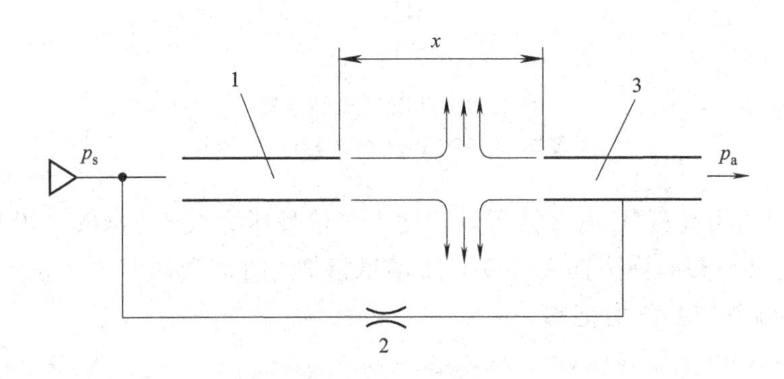

图 2-40　对冲式传感器的工作原理

1—发射管；2—节流孔；3—接收管

该传感器的检测距离为 50～100mm。超过此范围，则输出压力 p_a 太低，将不足以推动气动放大器工作。对冲式传感器可以克服遮断式传感器易受灰尘影响的缺点。

2.3.6　转换器

在气动装置中，控制部分的介质都是气体，但信号传感部分和执行部分可能采用液体介质或电信号，因此各部分之间就需要转换器。

(1) 气-电转换器

气-电转换器是利用气信号来接通或断开电路的装置。其输入是气信号，输出是电信号。按输入气信号的压力大小不同，可分为低压气-电转换器和高压气-电转换器。

图 2-41 所示为低压气-电转换器，其输入气信号压力小于 0.1MPa。平时阀芯 1 和焊片 4 是断开的，气信号输入后，膜片 2 向上弯曲，带动硬芯上移，与限位螺钉 3 导通，即与焊片导通，调节螺钉可以调节导通气压的大小。这种气-电转换器一般用来给指示灯提供信号，指示气信号的有无，也可将输出的电信号经过功率放大后带动电力执行机构。

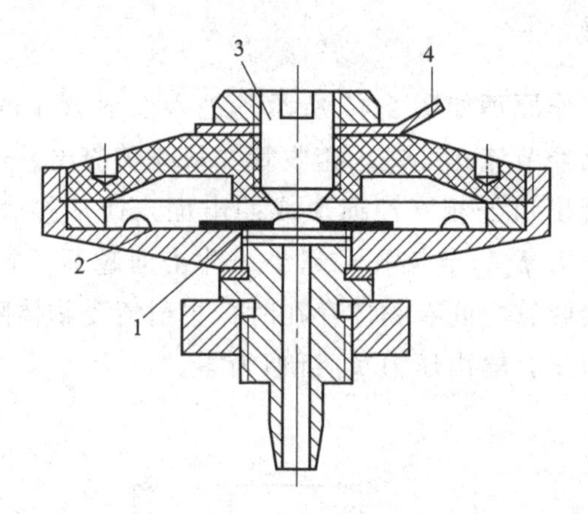

图 2-41 低压气-电转换器

1—阀芯；2—膜片；3—限位螺钉；4—焊片

图 2-42 所示为高压气-电转换器，其输入气信号压力大于 1MPa，膜片 1 受压后，推动顶杆 2 克服弹簧的弹力向上移动，带动爪枢 3，两个微动开关 4 发出电信号。旋转螺母 5，可调节控制压力范围。

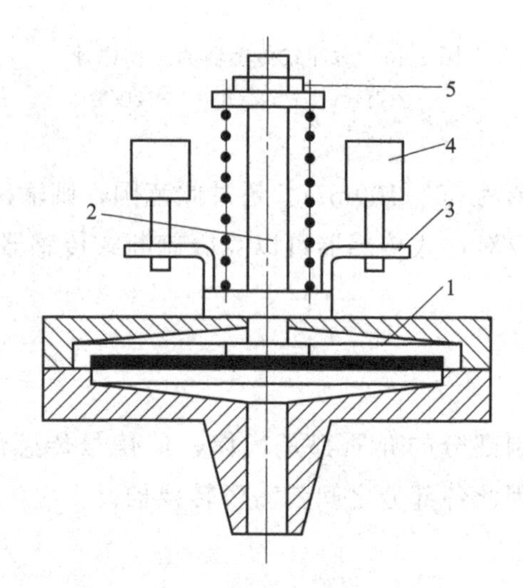

图 2-42 高压气-电转换器

1—膜片；2—顶杆；3—爪枢；4—微动开关；5—螺母

依靠弹簧调节控制压力范围的气-电转换器也称压力继电器，其图形符号如图 2-43 所示。

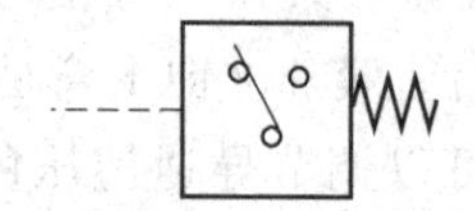

图 2-43 压力继电器的图形符号

(2) 电-气转换器

电-气转换器是将电信号转换成气信号的装置，其作用如同小型电磁阀。如图 2-44 所示，线圈 2 不通电时，由于弹性支承 1 的作用，衔铁 3 带动挡板 4 离开喷嘴 5，从气源来的气体绝大部分从喷嘴排向大气，输出端无输出。当线圈通电时，将衔铁吸下，挡板封住喷嘴，气源的有压气体便从输出端输出。

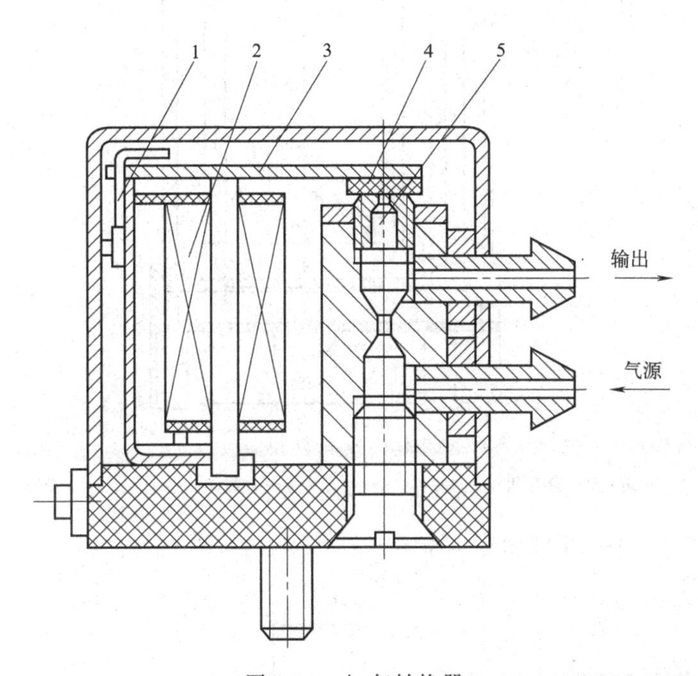

图 2-44　电-气转换器

1—弹性支承；2—线圈；3—衔铁；4—挡板；5—喷嘴

(3) 气-液转换器

气-液转换器是将气压力转换成液压力且压力值不变的元件。作为推动执行元件的有压流体，使用气压力比液压力简便，但空气有压缩性，不能得到匀速运动和低速（50mm/s 以下）平稳运动，中停时的精度不高。液体可压缩性小，但液压系统配管较困难，成本也高。使用气-液转换器，用气压力驱动气液联动缸动作，就克服了空气可压缩性的缺点，启动时和负载变动时，也能得到平稳的运动速度，低速动作时，也没有爬行问题，故最适合于精密稳速输送、中停、急速进给和旋转执行元件的慢速驱动等。

图 2-45 所示的气-液转换器是一个油面处于静压状态的垂直放置的油筒，上部接气源，下部可与液压缸相连。为了防止空气混入油中造成传动不稳定，在进气口和出油口处，都安装有缓冲板。进气口缓冲板还可防止空气流入时产生冷凝水。浮子 4 可防止油、气直接接触，避免空气混入油中。

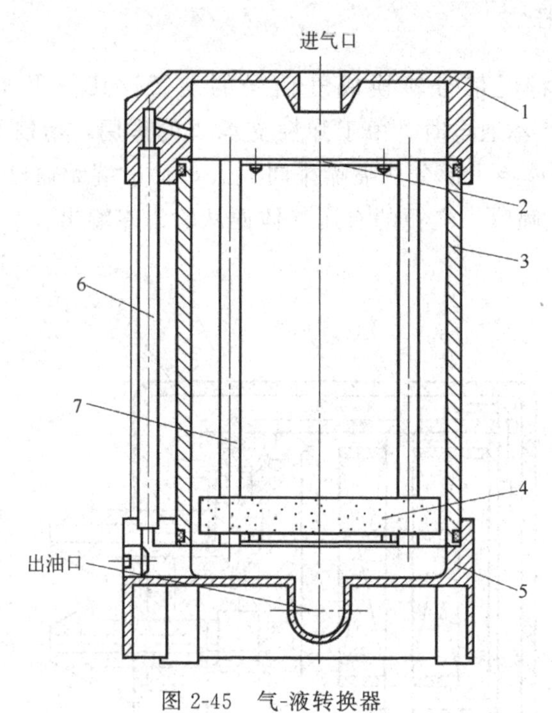

图 2-45　气-液转换器

1—头盖；2—缓冲板；3—筒体；4—浮子；5—下盖；6—油位计；7—拉杆

气-液转换器的图形符号如图 2-46 所示。

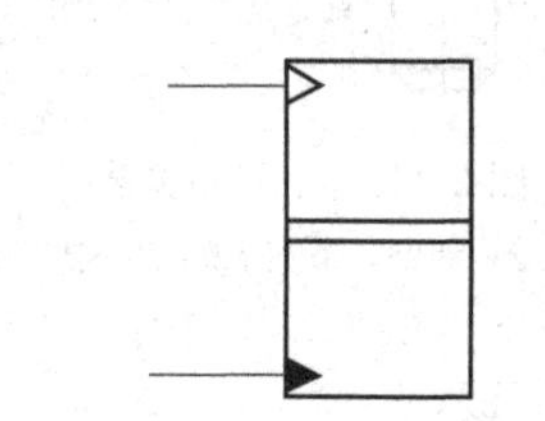

图 2-46　气-液转换器的图形符号

2.3.7 管道系统

(1) 管子与管接头

有了管子和各种管接头，才能把气动控制元件、气动执行元件以及辅助元件等连接成一个完整的气动系统。管子可分为硬管和软管两种。硬管有铁管、铜管（黄铜管、紫铜管）和硬塑料管等；软管有软塑料管、尼龙管、橡胶管、金属编织塑料管以及挠性金属导管等。总气管和支气管等一些固定不动的、不需要经常装拆的地方，使用硬管；连接运动部件和临时使用、希望装拆方便的管路应使用软管。

气动系统中常用的管接头如图 2-47 所示。

图 2-47 各种管接头

(2) 管道系统的布置原则

① 按供气压力考虑 在实际应用中，如果只有一种压力要求，则只需设计一种管道供气系统；如有多种压力要求，则有以下三种方式供选择。

a. 多种压力管道供气系统。气动设备有多种压力要求，且用气量都比较大，应根据供气压力大小和设备的位置，设计几种不同压力的管道供气系统。

b. 降压管道供气系统。气动设备有多种压力要求，但用气量都不大，应根据最高供气压力设计管道供气系统，气动装置需要的低压可利用减压阀降压来得到。

c. 管道供气与瓶装供气相结合的供气系统。大多数气动装置都使用低压空气，部分气动装置需用气量不大的高压空气，应根据对低压空气的要求设计管道供气系统，而气量不大的高压空气采用气瓶供气方式来解决。

② 按供气的空气质量考虑 根据各气动装置对空气质量的不同要求，分别设计成一般供气系统和清洁供气系统。若一般供气系统的用气量不大，为减少投资，可一并采用清洁供气系统。若清洁供气系统的用气量不大，可单独设置小型净化干燥装置来解决。

③ 按供气可靠性和经济性考虑

a. 单树枝状管网供气系统。如图 2-48 (a) 所示，这种供气系统简单、经济性好。多用于间断供气。阀Ⅰ、Ⅱ串联在一起是考虑经常使用的阀Ⅱ一旦不能关闭，可关闭阀Ⅰ。

b. 单环状管网供气系统。如图 2-48（b）所示，这种系统供气可靠性高，压力较稳定。当支管上有一阀门损坏需检修时，将环形管道上的两侧阀门关闭，整个系统仍能继续供气。该系统投资较高，冷凝水会流向各个方向，故应设置较多的自动排水器。

c. 双树枝状管网供气系统。如图 2-48（c）所示，这种系统能保证所有气动装置不间断供气，它实际上相当于两套单树枝状管网供气系统。

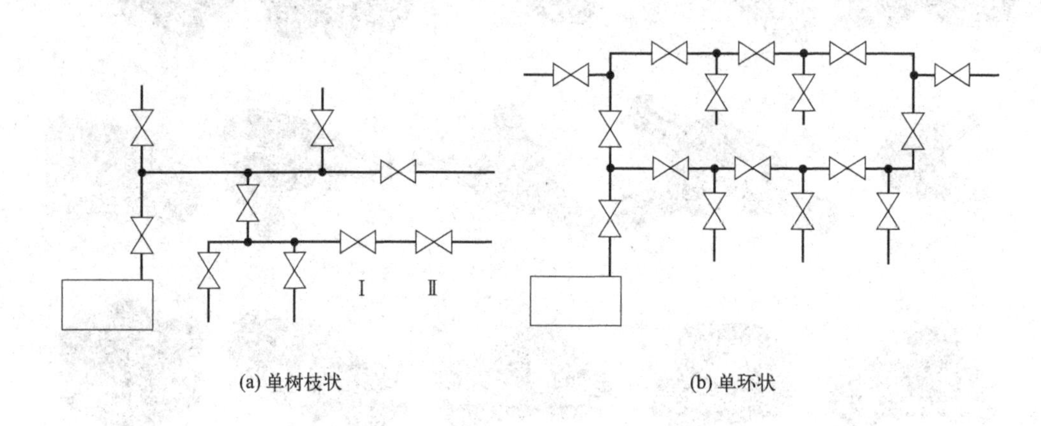

(a) 单树枝状　　(b) 单环状

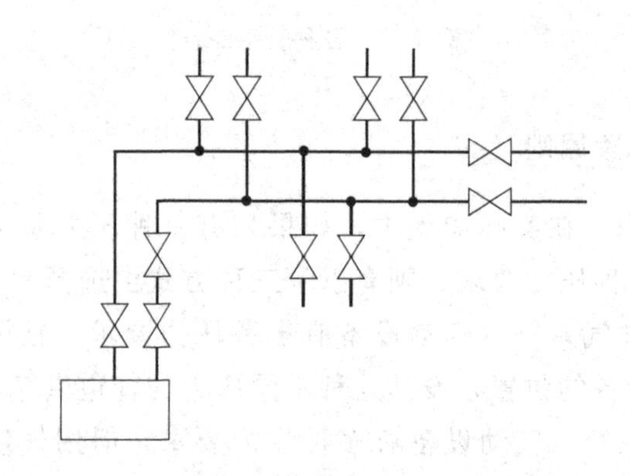

(c) 双树枝状

图 2-48　管网供气系统

(3) 管道布置的注意事项

① 管道应按现场实际情况布置，尽量与其他管线（如水管、煤气管、暖气管等）、电缆等统一协调布置。

② 管道进入用气车间，应根据气动装置对空气质量的要求，设置配气容器、截止阀、气动三联件等。

③ 车间内部压缩空气主管道应沿墙或柱架空敷设，其高度不应妨碍运行，又便于检修。管长超过 5m，顺气流方向管道向下坡度为 1%～3%。为避免长管产生挠

度，应在适当部位安装支吊架。管道支撑件不得与管道焊接。

④ 沿墙或柱接出的支管必须在主管上部采用大角度拐弯后再向下引出。支管沿墙或柱距地面1.2～1.5m处接一气源分配器，并在分配器两侧接支管或管接头，以便用软管接到气动装置上使用。在主管及支管的最低点，设置集水罐，集水罐下部设置排水器，以排放污水。

⑤ 为便于调整、不停气维修和更换元件，应设置必要的旁通回路和截止阀。

⑥ 管道装配前，管道、接头和元件内的流道必须清理干净，不得有毛刺、铁屑、氧化皮等异物。

⑦ 使用钢管时，要选用表面镀锌的管子。

⑧ 在管路系统中容易积聚冷凝水的部位，如倾斜管末端、支管下垂部位、储气罐底部、凹形管道部位等，必须设置冷凝水的排放阀或自动排水器。

⑨ 主管入口处应设置主过滤器。从支管至各气动装置的供气管道上都应设置独立的过滤、减压或油雾装置。

典型管道布置如图2-49所示。

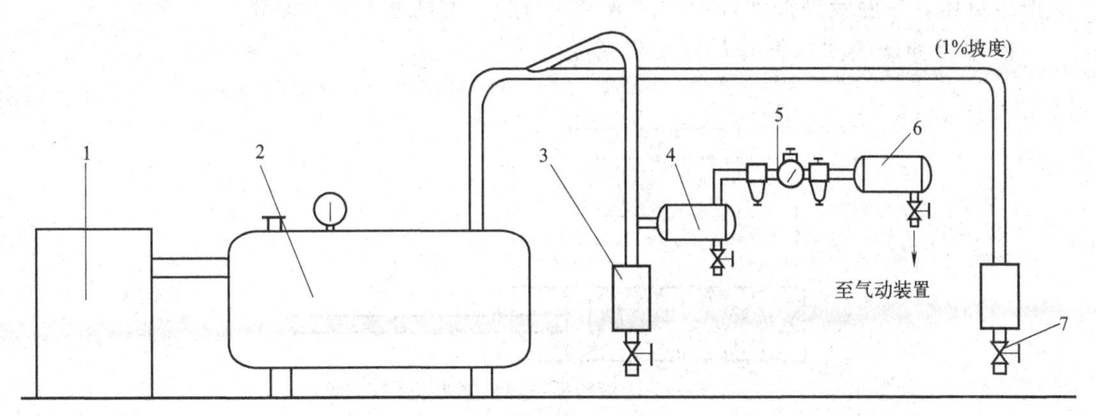

图2-49 典型管道布置

1—压缩机；2—储气罐；3—凝液收集管；4—中间储气罐；5—气动三联件；6—系统用储气罐；7—排放阀

2.3.8 其他辅件

(1) 缓冲器

在气动系统中，振动和冲击现象是经常的。如高速运动的气缸在行程末端会产生很大的冲击力。若气缸本身的缓冲能力不足时，为避免撞坏气缸盖及设备，应在外部设置缓冲器，吸收冲击能量。

图2-50所示为一种液压缓冲器的结构原理，当运动物体撞到活塞杆端部时，活塞向右运动。由于内筒上小孔15的节流作用，右腔中的油不能通畅地流出，外界冲击能量使右腔的油压急剧上升，高压油从小孔以高速喷出，使大部分压力能转变为热能，由

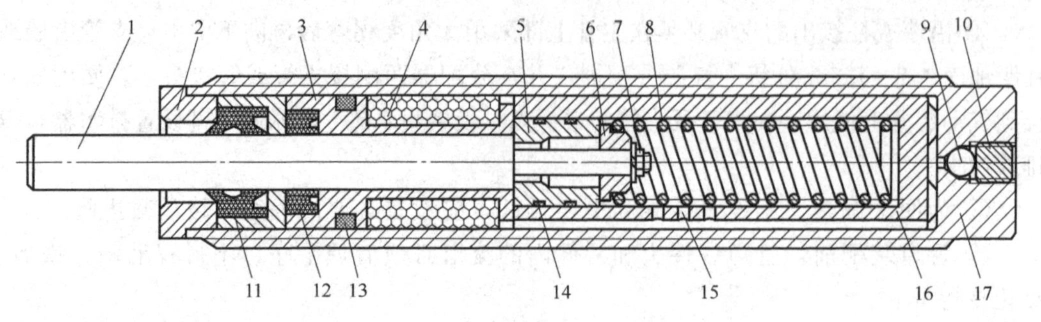

图 2-50　液压缓冲器的结构原理

1—活塞杆；2—限位器；3—轴套；4—储油元件；5—活塞；6—弹簧座；7—螺母；8—复位弹簧；9—钢球；10—止动螺塞；11～14—密封及防尘组件；15—节流孔；16—内筒；17—外筒

筒身散发到大气中。当缓冲器活塞位移至行程终端之前，冲击能量已被全部吸收掉。小孔流出的油返回至活塞左腔。活塞移动时，泡沫式储油元件储存因左右两腔容积差产生的多余油液。一旦外载撤去，油液压力和复位弹簧弹力使活塞杆伸出的同时，活塞右腔产生负压，左腔及储油元件中的油液返回右腔，使活塞复位至端部。

液压缓冲器的图形符号如图 2-51 所示。

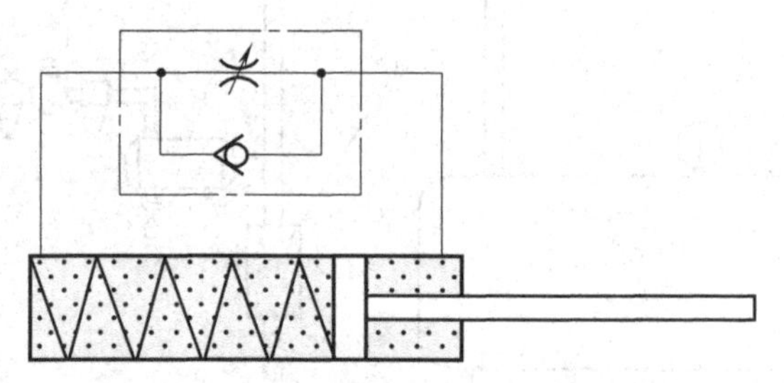
图 2-51　液压缓冲器的图形符号

(2) 气动开关

① 压力开关　这是一种当输入压力达到设定值时，电气开关接通，发出电信号的装置，常用于需要压力控制和保护的场合。例如，空压机排气和吸气压力保护，有压容器（如储气罐）内的压力控制等。压力开关由感受压力变化的压敏元件、调整设定压力大小的压力调整装置和电气开关三部分构成。

② 接近开关　这是一种不需要与运动部件进行机械接触便可以操作的位置开关，可以对气缸等进行限位。常用的接近开关有以下几种。

a. 电感式接近开关　属于一种有开关量输出的位置传感器，它由 LC 高频振荡器和放大处理电路组成。金属物体在接近能产生电磁场的振荡感应头时，其内部产生涡流，涡流反作用于接近开关，使接近开关振荡能力衰减，内部电路的参数发生变化，由此识别出有无金属物体接近，进而控制开关的通断。这种接近开关检测的物体必须是金属导体。

b. 电容式接近开关　也属于一种具有开关量输出的位置传感器，它的测头通常是电容器的一个极板，电容器的另一个极板是物体本身。当物体移向接近开关时，介电常数发生变化，使得和测头相连的电路状态也随之发生变化，由此便可控制开关的通断。这种接近开关检测的物体并不限于金属导体，也可以是绝缘的液体或粉状固体。

c. 磁性开关——干簧管　干簧管是干式舌簧管的简称，是一种有触点的无源电子开关，具有结构简单、体积小、便于控制等优点。其外壳一般是一个密封的玻璃管，管中装有两个弹性簧片，并灌有惰性气体。平时玻璃管中的两个簧片是分开的，当有磁性物体靠近玻璃管时，在磁场的作用下，管内的两个簧片被磁化而吸合在一起，外磁力消失后，两个簧片由于本身的弹性而分开，从而控制开关的通断。

第3章

气动执行元件

气动执行元件是将压缩空气的压力能转换为机械能的装置。它包括气缸和气马达。气缸用于实现往复直线运动，输出力和直线位移。气马达用于实现连续回转运动或摆动，输出力矩和角位移。气动执行元件有如下特点。

① 与液压执行元件相比，气动执行元件的运动速度快、工作压力低，适用于低输出力的场合。能正常工作的环境温度范围宽，一般可在－35～80℃（有的甚至可达200℃）的环境下正常工作。

② 相对于机械传动来说，气动执行元件的结构简单，制造成本低，维修方便，便于调节其输出力和速度的大小。另外，其安装方式、运动方向和执行元件的数目，又可根据机械装置的要求由设计者自由选择。随着制造技术的发展，气动执行元件已向模块化、标准化发展。

③ 由于气体的可压缩性，使气动执行元件在速度控制、抗负载影响等方面的性能劣于液压执行元件。当需要较精确地控制运动速度、减少负载变化对运动的影响时，常需借助气液联合装置等来实现。

3.1 气缸

3.1.1 气缸的分类

气缸是用于实现直线运动并对外做功的元件，其结构、形状有多种形式，分类方法也很多，按驱动方式可分为单作用气缸和双作用气缸。

如图3-1所示，单作用气缸是指压缩空气仅在气缸的一端进气，并推动活塞运动，而活塞的返回则是借助于外力如重力、弹簧力等工作的气缸。单作用气缸有如下特点。

① 因为是单边进气，所以结构简单，耗气量小。

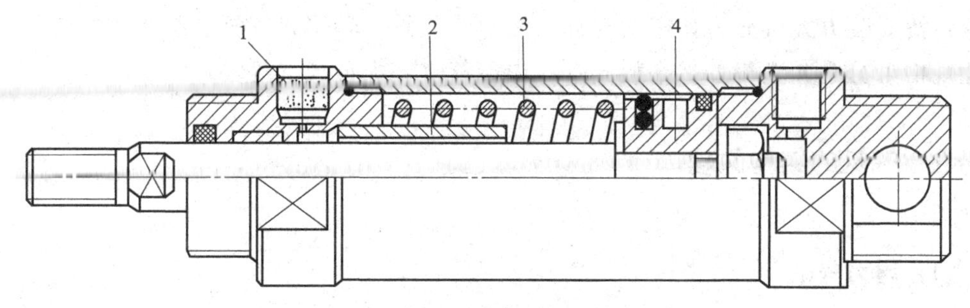

图 3-1　单作用气缸

1—过滤片；2—止动套；3—弹簧；4—活塞

② 用弹簧复位的单作用气缸，使压缩空气的能量有一部分用来克服弹簧的反力，因而减小了输出力。

③ 用弹簧复位的单作用气缸，因安装弹簧而减小了缸筒空间，缩短了有效行程。

④ 用弹簧复位的单作用气缸，弹簧的弹力是随其变形的大小而变化的，因此输出力和运动速度在行程中是变化的。

活塞式单作用气缸多用于短行程及对输出力、运动速度要求不高的场合，如定位和夹紧装置等。

双作用是指活塞的往复运动均由压缩空气来推动。如图 3-2 所示，在单活塞杆的气缸中，因活塞左侧面积较大，当空气压力作用在左侧时，提供一慢速的和作用力大的工作行程；返回时，由于活塞右侧的面积较小，所以速度较快而作用力变小。图 3-3 所示为双作用单杆缸的图形符号，也常用作气缸的通用图形符号。

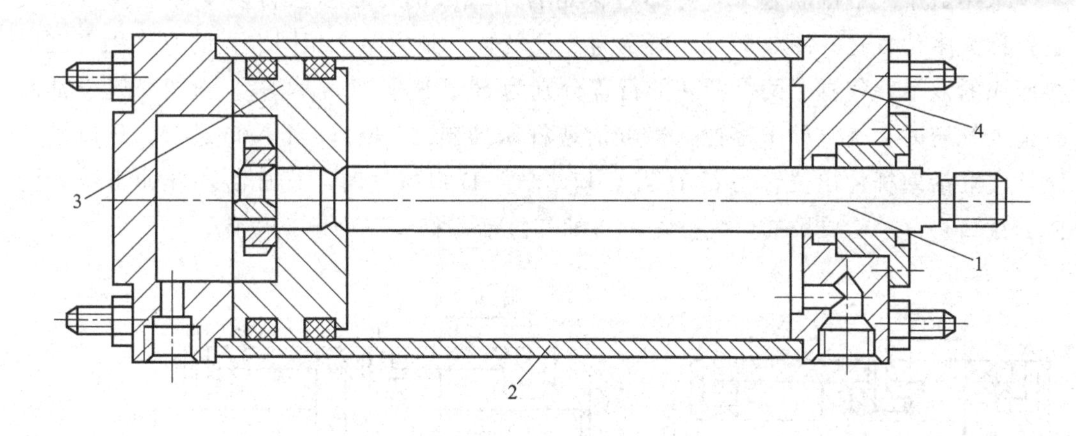

图 3-2　双作用气缸

1—活塞杆；2—缸筒；3—活塞；4—缸盖

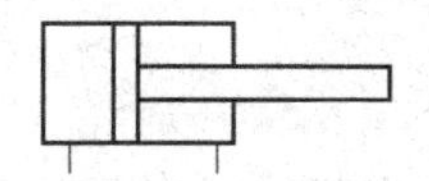
图 3-3　双作用单杆缸的图形符号

此外，气缸按结构特点可分为活塞式气缸、叶片式气缸、薄膜式气缸、气液阻尼缸等；按安装方式可分为耳座式气缸、法兰式气缸、轴销式气缸、凸缘式气缸等；按尺寸规格可分为微型气缸、小型气缸、中型气缸、大型气缸等。

3.1.2 气缸的结构原理

(1) 增力气缸

如图 3-4 所示，将两个缸径相同的双作用气缸串联在一起即构成增力气缸。由于两个活塞串联在一根活塞杆上，其输出力比一个活塞的气缸增加一倍。这种气缸常用于要求增加气缸输出力，而不能增大气缸直径，但允许增长缸体的场合。

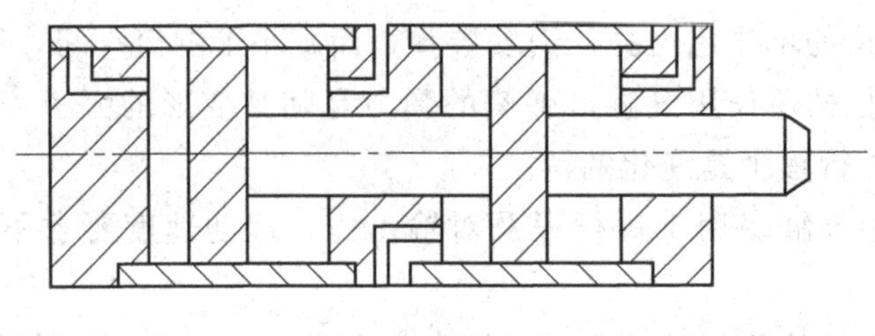

图 3-4 增力气缸

(2) 多位气缸

采用数个气缸串联起来，并通过设定各个气缸的行程以获得多个停止位置的气缸，称为多位气缸。图 3-5（a）所示为三位气缸，是由两个相同缸径的双作用气缸串接而成的双活塞气缸。两个活塞的行程分别为 S_1、S_2，且 $S_1 < S_2$。当四个气口都没有输入气压时，气缸处于零位，气缸活塞杆未伸出（0 位）；当 A 口进气、B 口排气时，气缸活塞杆伸出位置为 S_1；当 C 口进气、D 口排气时，气缸活塞杆伸出位置为 S_2；D 口进气、C 口排气，气缸复位。即气缸活塞杆有三个停止位置。

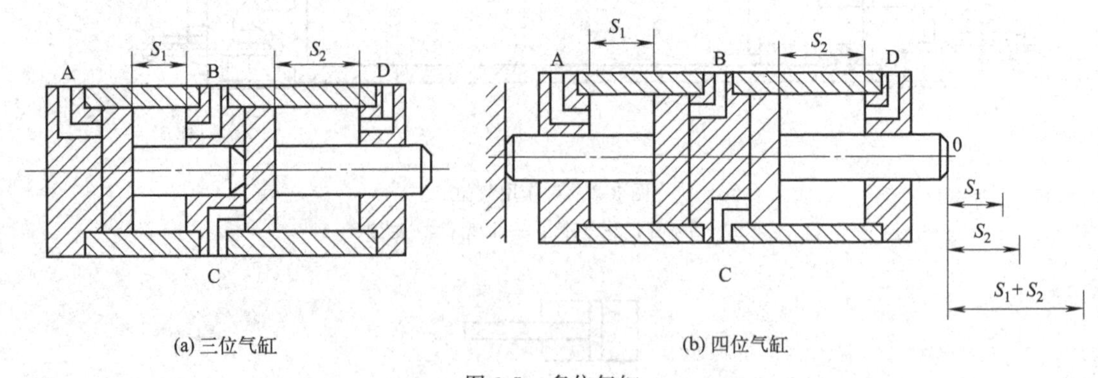

图 3-5 多位气缸

图 3-5（b）所示为四位气缸，是由两个相同缸径的双作用气缸对接而成的双活塞气缸。两活塞行程 S_1、S_2 可以相同，也可以不同，活塞运动方向相反。将一端活塞杆固定，则气缸另一端活塞杆有四个停止位置，即 0、S_1、S_2 和 S_1+S_2。

(3) 滑台气缸

如图 3-6 所示，滑台气缸由两个双活塞杆双作用气缸并联构成，两个气缸腔室通过中间缸壁上的导气孔连通，以保证两个气缸同时动作，输出力可增加一倍。滑台气缸结构紧凑，节省安装空间。其安装方式有滑台固定型和边座固定型两种，适用于气动机械手臂等应用场合。

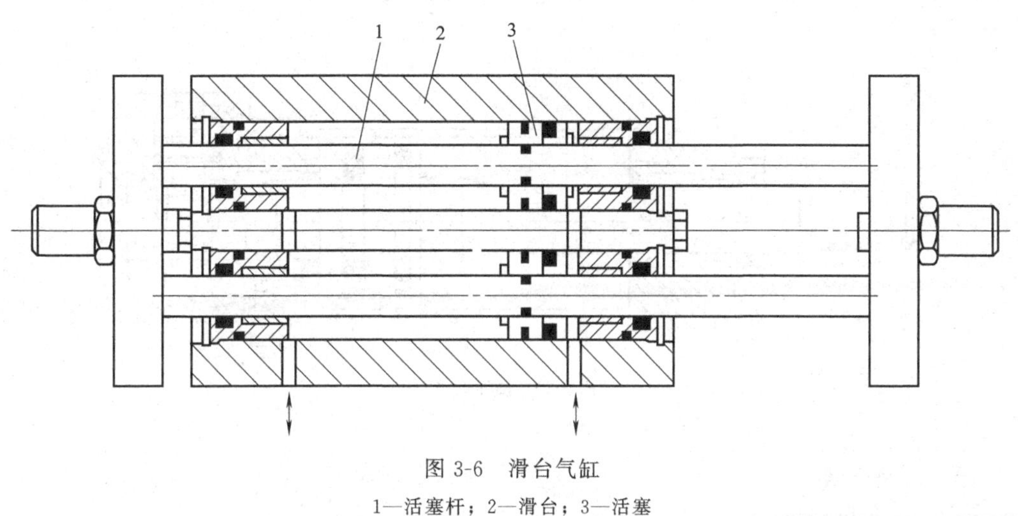

图 3-6　滑台气缸

1—活塞杆；2—滑台；3—活塞

(4) 制动气缸

带有制动装置的气缸称为制动气缸。制动装置一般安装在气缸的前端，其结构有卡套锥面式、弹簧式和偏心式等多种。

图 3-7 所示制动气缸的制动装置为卡套锥面式，由制动闸瓦、制动活塞和弹簧等构成。在工作过程中，制动气缸的制动装置有两个工作状态，即放松状态和制动状态。气缸运动时，C 口进气，使制动活塞右移，则制动装置处于放松状态，气缸活塞杆可以自由运动。当气缸由运动状态进入制动状态时，C 口排气，压缩弹簧迅速使制动活塞复位并压紧制动闸瓦，此时制动闸瓦抱紧活塞杆使之停止运动。

(5) 锁定气缸

在气缸活塞杆行程的两端设置防止活塞杆缩回或伸出的锁定装置的气缸称为锁定气缸。它可防止停电时发生故障，保障安全。图 3-8 所示锁定气缸的锁定装置采用弹簧结构。活塞杆行程到位时靠弹簧定位并被锁定不动，当工作气压达到一定压力时弹簧被压缩，使定位脱开，活塞杆开始运动。

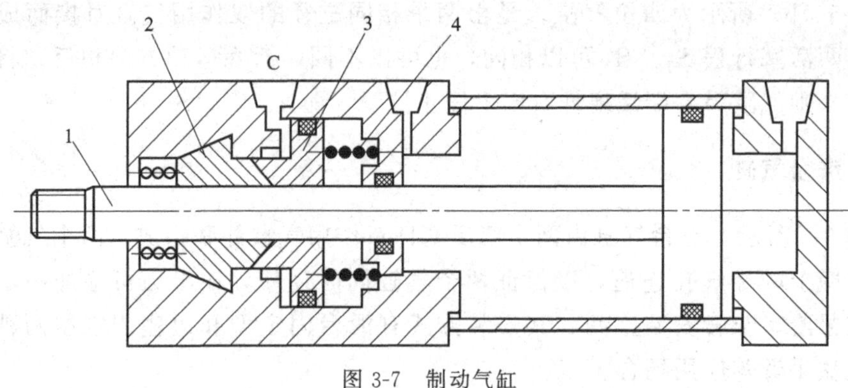

图 3-7　制动气缸

1—活塞杆；2—制动闸瓦；3—制动活塞；4—弹簧

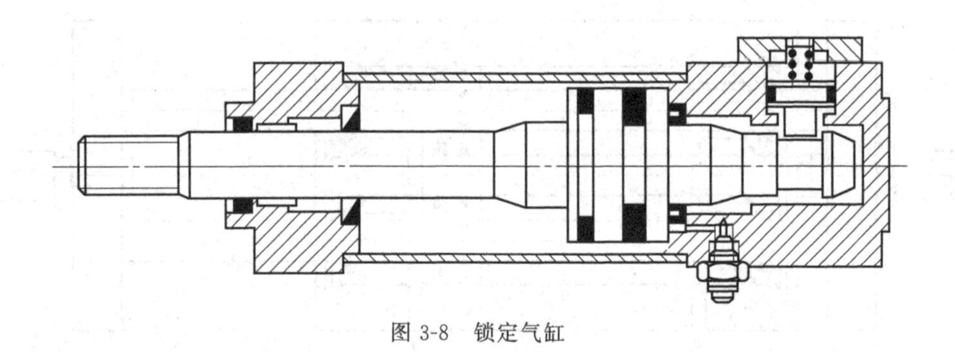

图 3-8　锁定气缸

(6) 缓冲气缸

缸盖上设有缓冲装置的气缸称为缓冲气缸。常用的缓冲装置有气垫缓冲装置、橡胶缓冲垫和液压吸振器三种。

气垫缓冲是通过压缩气缸行程末端固定体积的气体来实现的，如图 3-9 所示，活

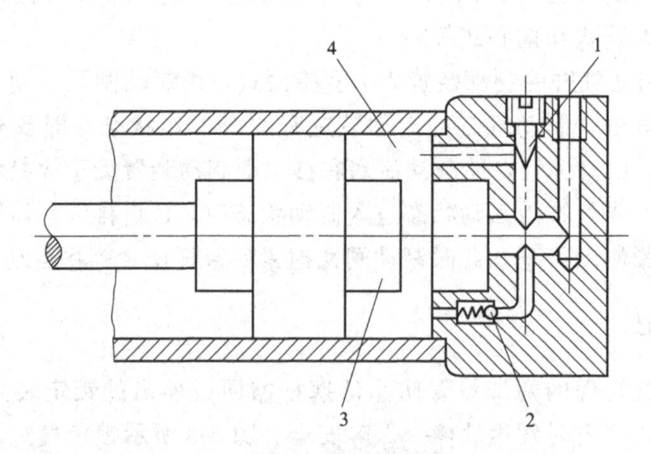

图 3-9　气垫缓冲原理

1—节流阀；2—单向阀；3—缓冲柱塞；4—气垫密闭容积

塞进入缓冲行程之前，空气从排气口排出，进入缓冲行程后，积聚在压缩腔内的空气只能通过可调节流阀慢慢排出，从而达到使活塞减速的目的，在行程末端得到缓冲。常用的缓冲装置由节流阀、缓冲柱塞、单向阀等组成。

在没有必要采用气垫缓冲方式的情况下，用橡胶缓冲垫作为缓冲件就完全可以满足使用要求了。弹性橡胶垫片装在活塞的两端，当活塞运行到端部时，由于橡胶垫片与缸盖相接，起到缓冲作用。

当气缸活塞运动速度比较高、拖动负载比较大的情况下，容易造成很大的撞击。这种情况下，可以在末端板上安装液压吸振器来吸收比较大的动能，起到缓冲作用。当动能传递到吸振器活塞杆头部时，吸振器在活塞底部建立起油压，这个油压的压力能通过吸振器内管内的释放小孔逐渐释放，以达到吸收动能、缓冲惯性冲击的目的。

(7) 带阀气缸

带阀气缸是一种为了节省阀和气缸之间的接管，将两者制成一体的气缸。带阀气缸一般由标准气缸、阀、中间连接板和连接管组合而成，如图 3-10 所示。带阀气缸具有结构紧凑、使用方便、耗气量小等优点。

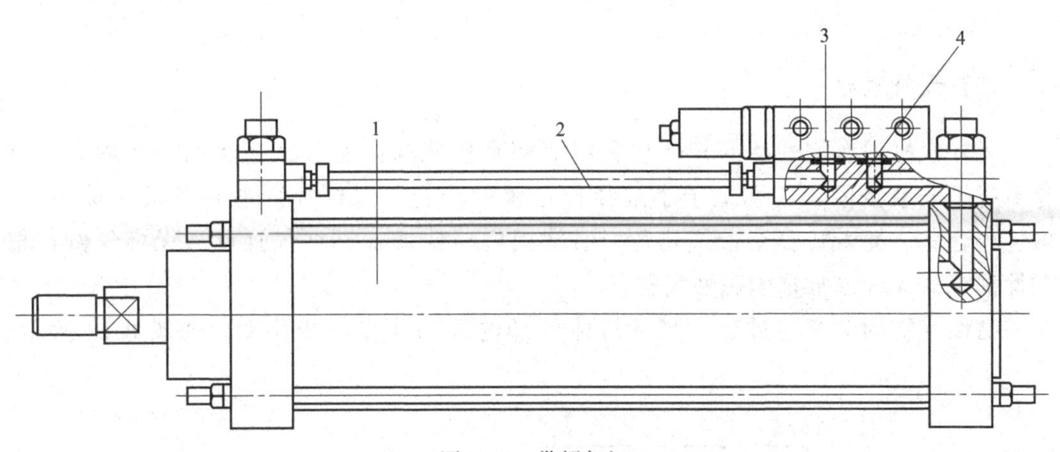

图 3-10 带阀气缸

1—气缸；2—连接管；3—阀；4—连接板

(8) 冲击气缸

冲击气缸是将压缩空气的能量转化为活塞高速运动能量的气缸。其工作原理如图 3-11 所示。它的工作过程可简单地分为三个阶段：第一阶段，由 A 口进气，B 口排气，活塞上升并由密封垫封住喷嘴，中盖与活塞间的环形空间经气孔与大气相通，气缸上腔成为密封的储气腔；第二阶段，改由 A 口排气，B 口进气，上腔气体通过喷嘴，作用面积较小，而下腔作用面积较大，上腔仍处于密封状态，可使上腔储存很高的能量；第三阶段，上腔压力继续增大，下腔压力继续降低，上、下腔压力比大于活塞与喷嘴面积比时，活塞离开喷嘴，上腔的气体迅速充入中盖与活塞间的空间，活塞将以极大的加速度向下运动，气体的压力能转换为活塞的动能，利用这个能量对工件冲击做功，产生很大的冲击力。

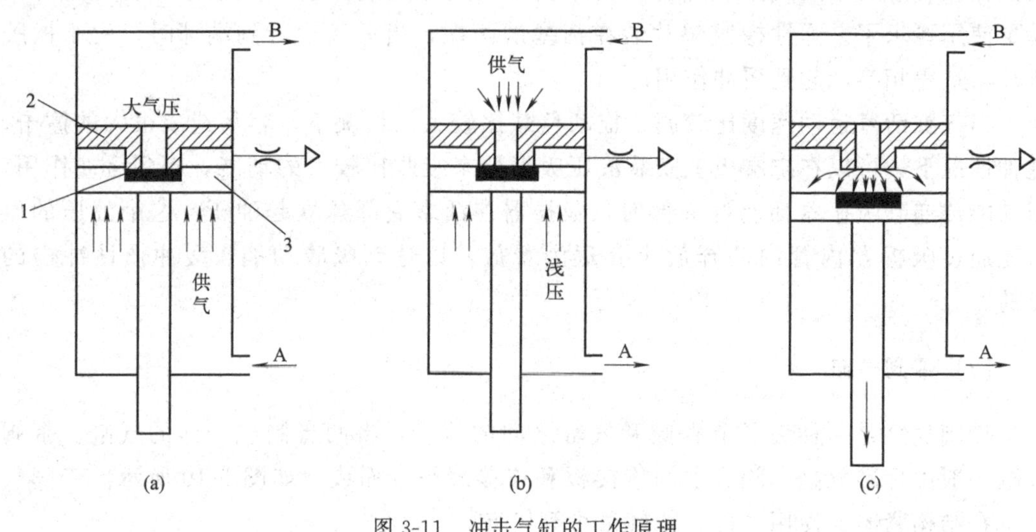

图 3-11 冲击气缸的工作原理

1—密封垫；2—中盖；3—活塞

(9) 无杆气缸

无杆气缸没有刚性活塞杆，它利用活塞直接或间接实现往复运动。其最大优点是节省了安装空间，特别适于小缸径长行程的场合。无杆气缸主要有机械接触式、磁性耦合式、绳索式和钢带式几种。通常把机械接触式无杆气缸称为无杆气缸，把磁性耦合式无杆气缸称为磁性气缸。

磁性气缸的活塞通过磁力带动缸体外部的移动体作同步移动，如图 3-12 所示。

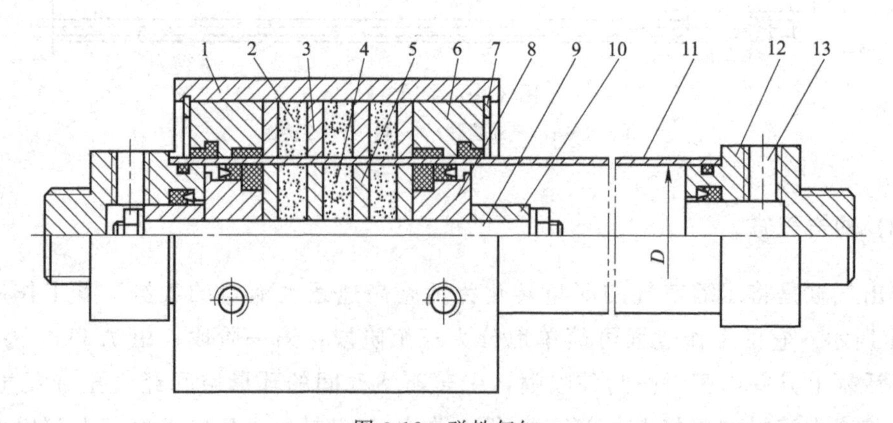

图 3-12 磁性气缸

1—套筒；2—外磁环；3—外磁导板；4—内磁环；5—内磁导板；6—压盖；7—卡环；8—活塞；9—活塞轴；10—缓冲柱塞；11—缸筒；12—端盖；13—进、排气口在活塞上安装一组强磁性的永久磁环，磁力线通过薄壁缸筒与套在外面的另一组磁环作用，两组磁环磁性相反，具有很强的吸力。当活塞在缸筒内被气压推动时，在磁力作用下，带动缸筒外的磁环一起移动。注意，活塞的推力必须与磁环的吸力相适应。

（10）气液阻尼缸

气缸工作时，由于气体的压缩性，当外部载荷变化较大时，会产生爬行或自走现象，使气缸的工作不稳定。为了使气缸运动平稳，可采用气液阻尼缸。

气液阻尼缸是由气缸和液压缸组合而成的，其工作原理如图 3-13 所示。它以压缩空气为能源，并利用油液的不可压缩性和控制油液排量来获得活塞的平稳运动和调节活塞的运动速度。如图 3-13（a）所示，将液压缸和气缸串联成一个整体，两个活塞固定在一根活塞杆上。当右端供气时，气缸克服外负载并带动液压缸同时向左运动，此时液压缸左腔排油，单向阀关闭，油液只能经节流阀缓慢流入液压缸右腔，对整个活塞的运动起阻尼作用。调节节流阀的阀口大小就能达到调节活塞运动速度的目的。当压缩空气经换向阀从气缸左腔进入时，液压缸右腔排油，此时因单向阀开启，活塞能快速返回原位。串联式缸筒较长，加工与安装时对同轴度要求较高，要注意解决两缸间的窜气问题。

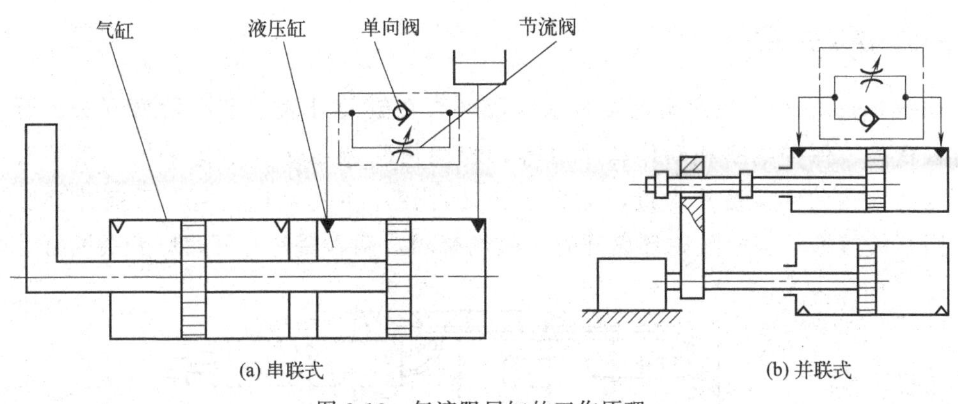

图 3-13　气液阻尼缸的工作原理

串联式气液阻尼缸的液压缸可设在气缸的前端或后端。液压缸在后端的，因液压缸只有一端有活塞杆，工作时要用较大的油杯进行储油及补油。

图 3-13（b）所示为并联式气液阻尼缸，其特点是缸筒长度短，结构紧凑，调整方便，消除了气缸和液压缸之间的窜气现象。但由于气缸和液压缸要安装在不同轴线上，易产生附加力矩，增加导轨磨损，甚至可能因憋劲而产生爬行现象，使用时应予以注意。

（11）薄膜气缸

薄膜气缸是一种利用压缩空气通过膜片推动活塞杆作往复直线运动的气缸，由缸筒、膜片、膜盘和活塞杆等主要零件组成，有单作用式和双作用式两种，如图3-14所示。薄膜气缸的膜片可以制成盘形膜片和平膜片两种。

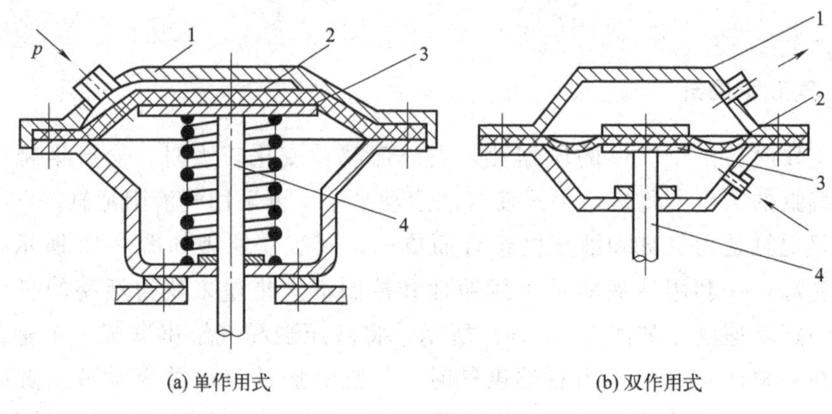

图3-14 薄膜气缸

1—缸筒；2—膜片；3—膜盘；4—活塞杆

薄膜式气缸和活塞式气缸相比较，具有结构简单紧凑、制造容易、成本低、维修方便、寿命长、泄漏小、效率高等优点，但是膜片的变形量有限，故其行程短（一般不超过40～50mm)，且气缸活塞杆上的输出力随着行程的增大而减小。

(12) 磁性开关气缸

如图3-15所示，在活塞上安装永久磁环，在缸筒外表面装有舌簧开关。开关内装有舌簧片、保护电路和动作指示灯等，均用树脂塑封在一个盒子内。当装有永久磁环的活塞运动到舌簧片附近，磁力线通过舌簧片使其磁化，两个舌簧片被吸引接触，则开关接通。当永久磁环离开时，磁场减弱，两舌簧片弹开，则开关断开。由于

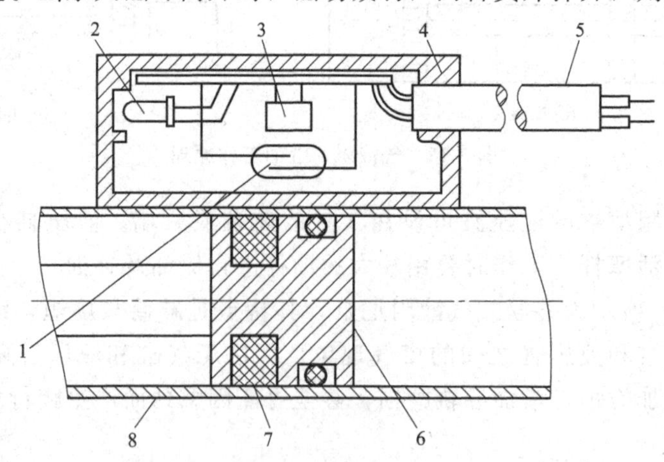

图3-15 磁性开关气缸

1—舌簧片；2—动作指示灯；3—保护电路；4—开关外壳；

5—导线；6—活塞；7—永久磁环；8—缸筒

开关的接通或断开，使电磁阀换向，从而实现气缸的往复运动。

磁性开关气缸不需要在缸筒上安装行程阀或行程开关，也不需要在活塞杆上设置挡块。

(13) 薄型气缸

如图 3-16 所示，薄型气缸缸盖上没有空气缓冲机构，缸盖与缸筒之间采用弹性卡环固定。其特点是结构简单紧凑，重量轻，轴向尺寸小，占用空间小，特别适用于短行程场合。薄型气缸有供油润滑型和不供油润滑型两种，除采用的密封圈不同外，其结构基本相同。不供油润滑薄型气缸可以在不供油条件下工作，省去了油雾器，且对周围环境减少了污染。

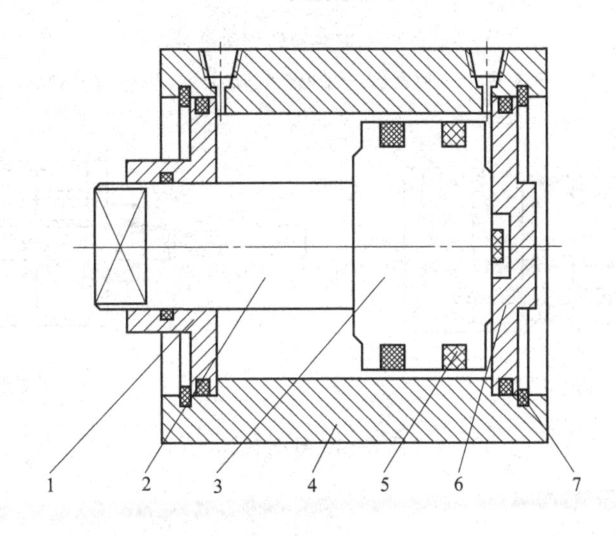

图 3-16　薄型气缸

1—前缸盖；2—活塞杆；3—活塞；4—缸筒；
5—磁环；6—后缸盖；7—弹性卡环

(14) 回转气缸

如图 3-17 所示，回转气缸的缸筒用过渡法兰盘连接在机床主轴后端，随主轴一起转动，而导气套不动，导气轴可以在导气套内相对转动。气缸随机床主轴一起作回转运动的同时，活塞作往复运动。导气套上的进、排气口的径向孔端与导气轴的进、排气槽相通。导气套与导气轴因需相对转动，装有滚动轴承，并以研配间隙密封。它一般与气动夹盘配合使用，用于机床的自动装夹。

(15) 导向气缸

设有防止活塞杆回转装置的气缸称为导向气缸，如图 3-18 所示。

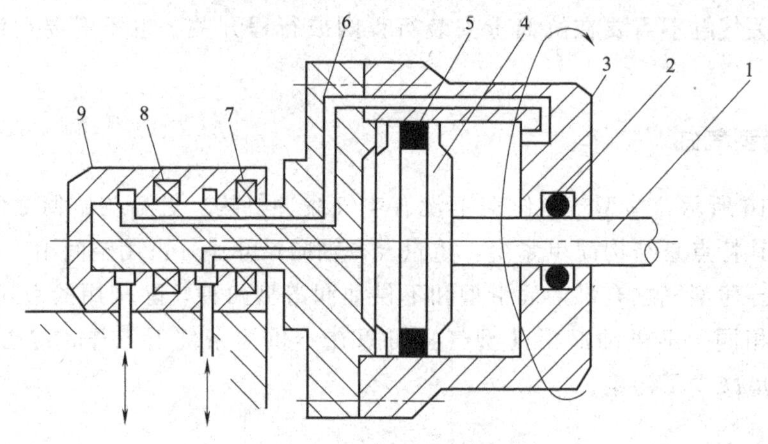

图 3-17 回转气缸

1—活塞杆；2,5—密封圈；3—缸筒；4—活塞；6—缸盖导气轴；7,8—轴承；9—导气套

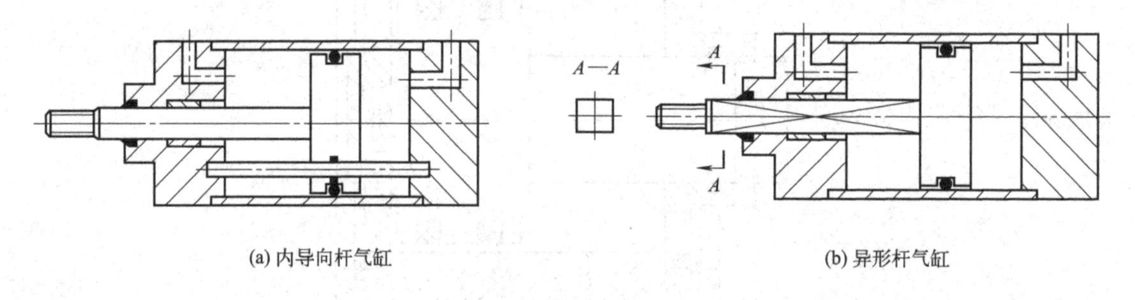

(a) 内导向杆气缸　　(b) 异形杆气缸

图 3-18 导向气缸

(16) 气动手指气缸

气动手指气缸也称气指或气爪，可实现各种抓取功能，是现代气动机械手的关键部件。根据气指的数目不同，可分为两指气缸、三指气缸、四指气缸；根据气指的运动形式不同，可分为平行气指、摆动气指和旋转气指。

① 三指气缸　如图 3-19 所示，三指气缸的活塞上有一个环形槽，每个曲柄与一个气指相连，活塞运动能驱动三个曲柄动作，可控制三个气指同时打开和合拢。

② 平行气指　如图 3-20 所示，平行气指是通过两个活塞动作的，每个活塞由一个滚轮和一个双曲柄与气指相连，形成一个特殊的驱动单元。这样，气指总是轴向对心移动，每个气指是不能单独移动的。如果气指反向移动，则先前受压的活塞处于排气状态，而另一个活塞处于受压状态。

③ 摆动气指　如图 3-21 所示，摆动气指的活塞杆上有一个环形槽，由于气指耳轴与环形槽相连，因而气指可同时移动且自动对中，并确保抓取力矩始终恒定。

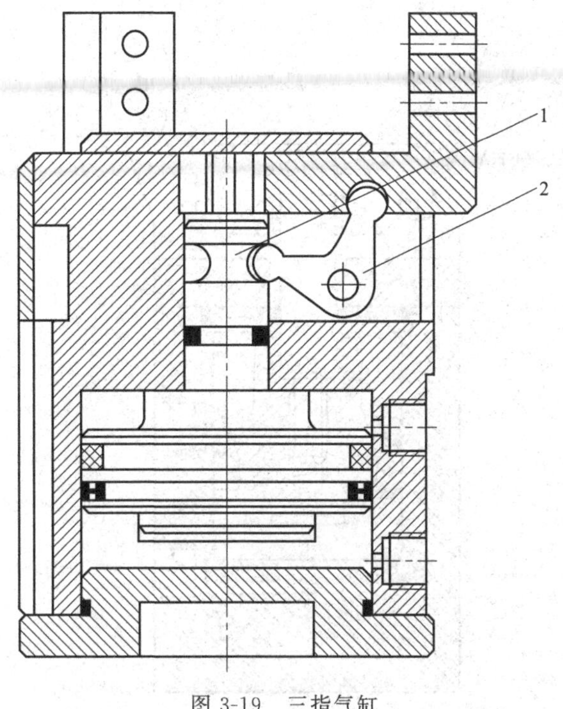

图 3-19　三指气缸

1—环形槽；2—曲柄

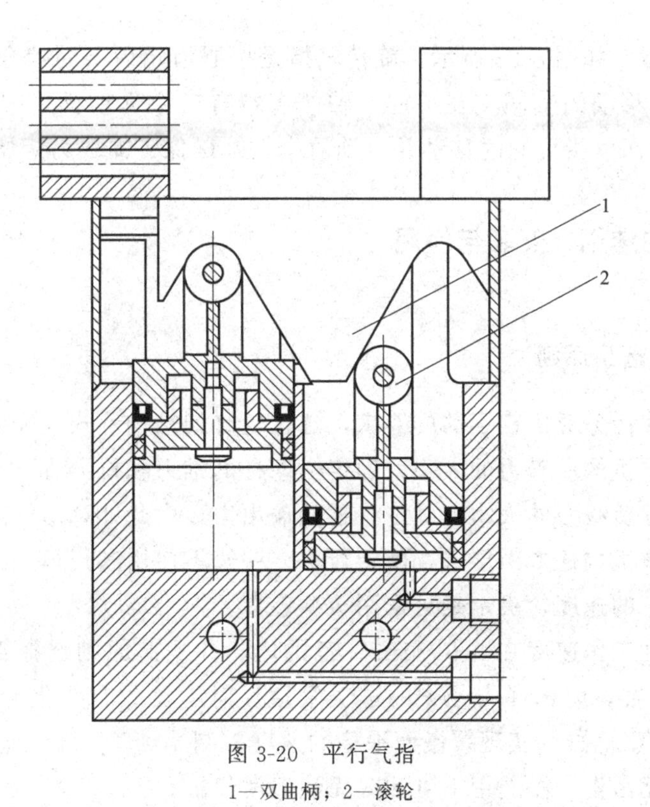

图 3-20　平行气指

1—双曲柄；2—滚轮

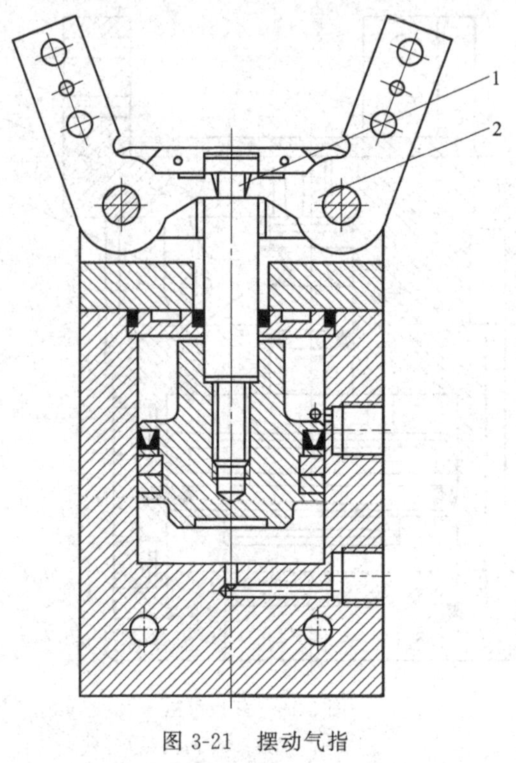

图 3-21 摆动气指

1—环形槽；2—耳轴

④ 旋转气指 如图 3-22 所示，旋转气指是按照齿轮齿条的啮合原理工作的。活塞与一根可上下移动的轴固定在一起，轴的末端有三个环形槽，这些槽与两个驱动轮的齿啮合，因而气指可同时移动并自动对中，并确保了抓取力矩始终恒定。

3.1.3 气缸的选用、安装与使用

(1) 气缸的选用原则

① 根据工作任务对机构运动的要求，选择气缸的结构形式及安装方式。

② 根据工作机构所需力的大小，确定活塞杆的推力和拉力。

③ 根据气缸负载力的大小，确定气缸的输出力，由此计算出气缸的缸径。

④ 根据工作机构任务的要求，确定行程。一般不使用满行程。

⑤ 根据活塞的速度，决定是否采用缓冲装置。

⑥ 推荐气缸工作速度在 0.5～1m/s 范围内，并据此原则选择管路及控制元件。对高速运动的气缸，应选择内径大的进气管道。对于负载有变化的场合，可选用速度控制阀或气液阻尼缸，实现缓慢而平稳的速度控制。

⑦ 如要求无污染，需选用不供油或无油润滑气缸。

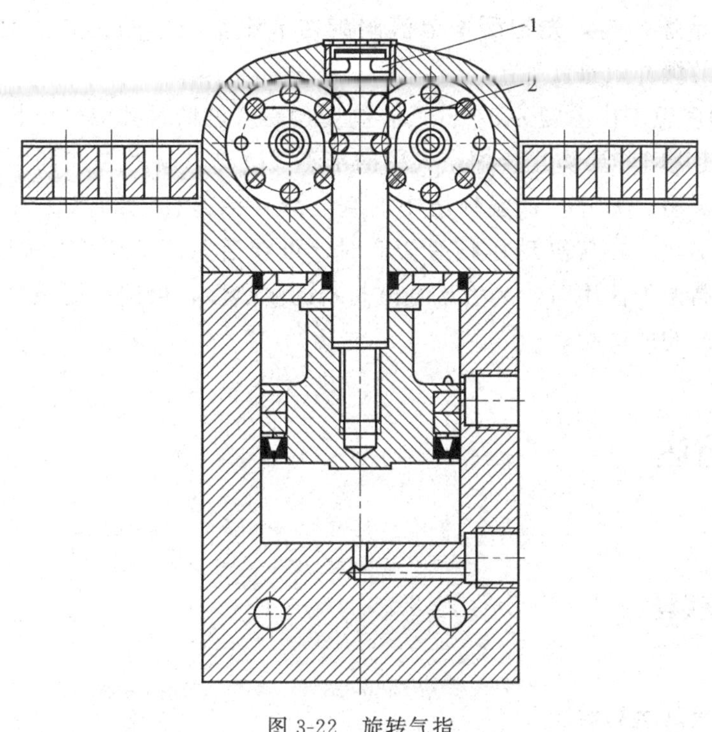

图 3-22　旋转气指

1—环形槽；2—驱动轮

(2) **气缸安装、使用注意事项**

① 气缸使用前应检查各安装连接点有无松动；操纵上应考虑安全联锁；进行顺序控制时，应检查气缸的各工作位置；当发生故障时，应有紧急停止装置；工作结束后，气缸内部压缩空气应予排放。

② 气缸在多尘环境中使用时，应在活塞伸出端设置防尘罩。单作用气缸的呼吸孔要安装过滤片，防止从呼吸孔吸入灰尘。

③ 对需用油雾器供油润滑的气缸，选用的润滑油应不使密封圈产生膨胀、收缩，且与空气中的水分不产生乳化。

④ 气缸接入管道前，必须清除管道内的脏物，防止杂物进入气缸。

⑤ 气缸活塞杆承受的是轴向力，安装时要防止气缸工作过程中承受横向载荷，其允许承受的横向载荷仅为气缸最大推力的 1/20。采用法兰式、脚座式安装时，应尽量避免安装螺栓本身直接受推力或拉力；采用尾部悬挂中间摆动式安装时，活塞杆顶端的连接销位置与安装轴的位置处于同一方向；采用中间轴销摆动式安装时，除注意活塞杆顶端连接销的位置外，还应注意气缸轴线与轴托架的垂直度。同时，在不产生卡死的范围内，使摆轴架尽量接近摆轴的根部。

⑥ 气缸安装完毕后应空载往复运动几次，检查气缸的动作是否正常。然后连接负载，进行速度调节。首先将速度控制阀打开至中间位置，随后调节减压阀的输出

压力，当气缸接近规定速度时，即可确定为调定压力。然后用速度控制阀进行微调。缓冲气缸在开始运行前，先把缓冲节流阀旋在节流量较小的位置，然后逐渐调大，直到达到满意的缓冲效果。

⑦ 气缸的理想工作温度为5～60℃，温度过高或过低时都应采取相应的措施。气缸在5℃以下使用时，要防止压缩空气中的水蒸气凝结，要考虑在低温下使用的密封种类和润滑油类型。另外，低温环境中的空气会在活塞杆上结露，为此最好采用红外加热等方法加热。在气缸动作频率较低时，可在活塞杆上涂润滑脂，使活塞杆上不致结冰。在高温下使用时，要考虑气缸材料的耐热性，可选用耐热气缸，同时注意高温空气对换向阀的影响。

3.2 气马达

3.2.1 摆动气马达

(1) 摆动气马达的类型

摆动气马达是一种在一定角度范围内作往复摆动的气动执行元件。它将压缩空气的压力能转换成机械能，输出转矩使机构实现往复摆动，图3-23所示为其应用实例。常用摆动气马达的最大摆动角度有90°、180°、270°三种规格。

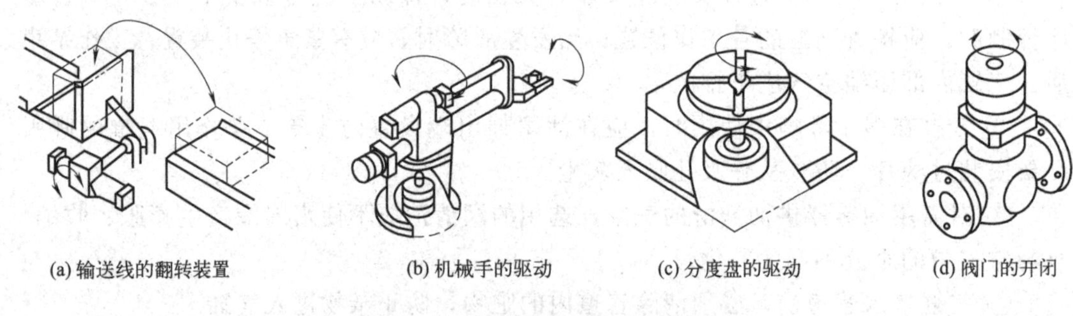

图3-23　摆动气马达的应用实例

摆动气马达按结构特点可分为叶片式、曲柄式、螺杆式和齿轮齿条式等。除叶片式外，都带有气缸和将往复直线运动转换为回转运动的传动机构。

(2) 常用摆动气马达的结构原理

① 叶片式摆动气马达　其具有种类多、结构紧凑、工作效率高等特点，常用于工件的翻转、分类、夹紧等作业，也用于机械手的指腕关节部，用途十分广泛。叶片

式摆动气马达可分为单叶片式和双叶片式两种。单叶片式输出轴转角大，双叶片式输出轴转角小。

图 3-24 所示为叶片式摆动气马达的结构原理。它由叶片轴转了（即输出轴）、定子、缸体和前、后端盖等部分组成。定子和缸体固定在一起，止动挡块上的密封件为镶装方式，叶片滑动部分采用低阻尼的特殊唇形密封件，前、后端盖处装有滚动轴承。叶片式摆动气马达的定子上有两条气路，当叶片左路进气时，右路排气，压缩空气推动叶片带动转子逆时针转动，反之转子顺时针转动。通过换向阀控制马达的进气和排气方向。

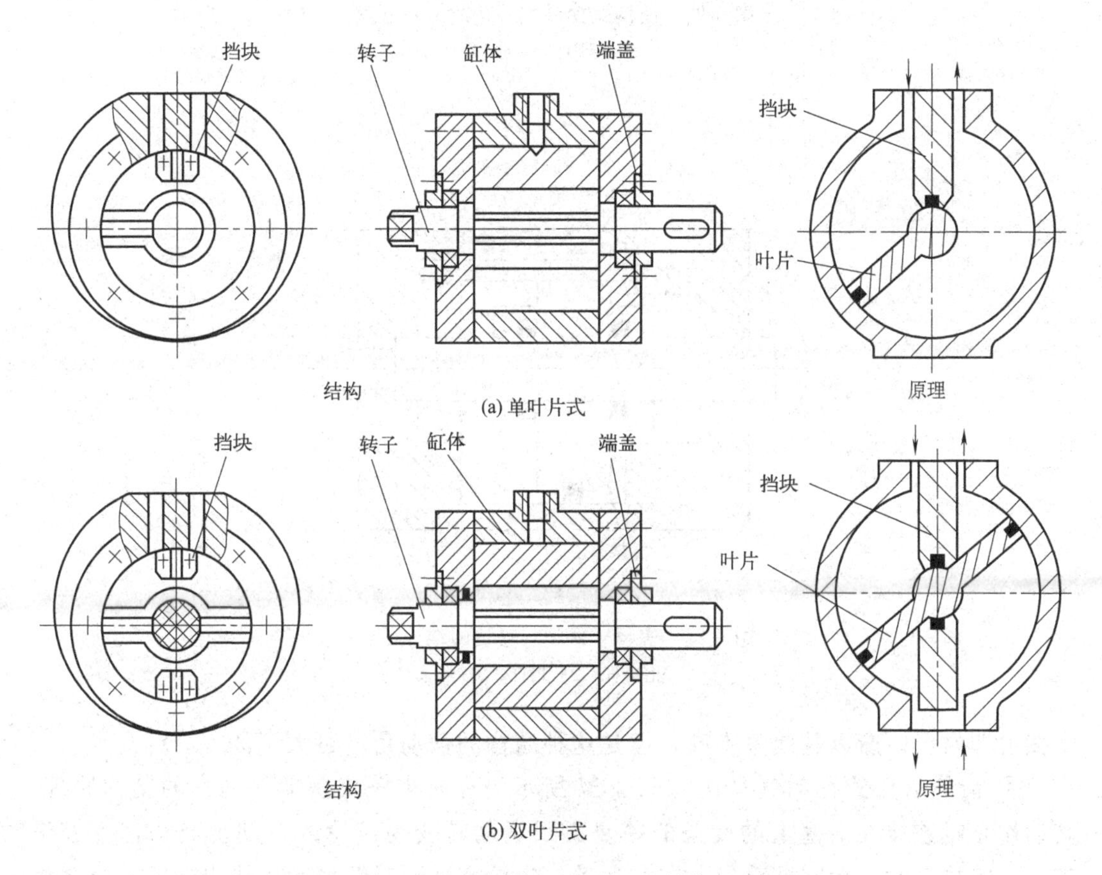

(a) 单叶片式

(b) 双叶片式

图 3-24　叶片式摆动气马达的结构原理

② 曲柄式摆动气马达　它是将活塞的往复直线运动通过曲柄转变为摆动运动的气马达。其结构原理如图 3-25 所示。

这种气马达结构简单可靠。由于曲柄和活塞之间运动方向有一角度，使输出转矩产生差值，因此应根据输出转矩的大小，相应改变活塞的直径。

③ 螺杆式摆动气马达　图 3-26 所示为其结构原理，将活塞杆直接加工成螺杆，活塞的往复直线运动通过螺杆转变为摆动。

螺杆式摆动气马达由于螺杆的摩擦损失以及用来制止活塞反向回转的止动杆的

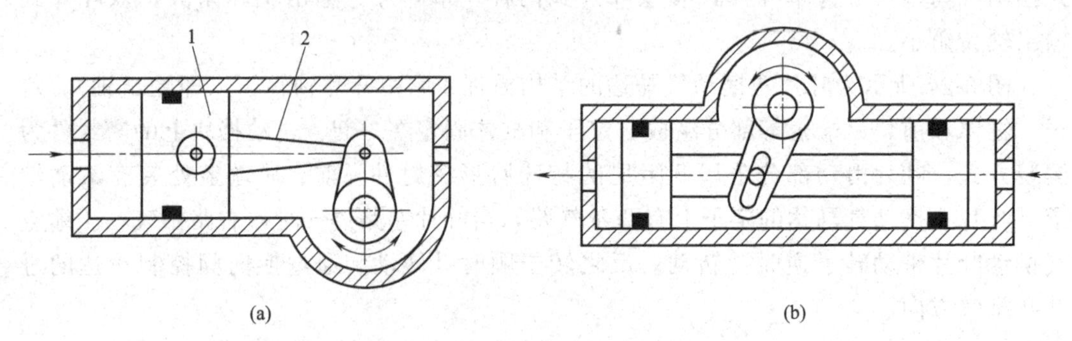

图 3-25　曲柄式摆动气马达的结构原理

1—活塞；2—曲柄

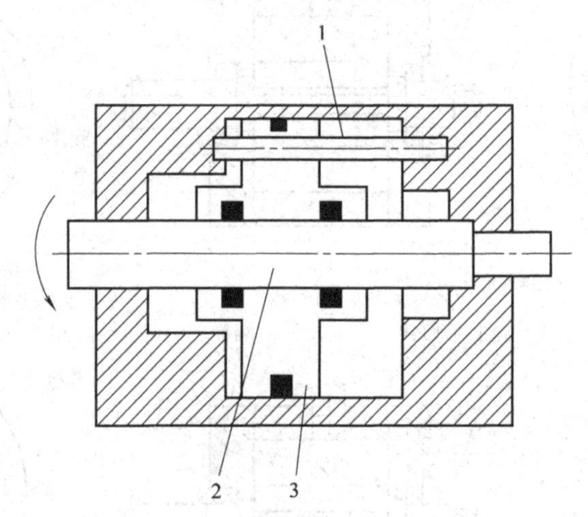

图 3-26　螺杆式摆动气马达的结构原理

1—止动杆；2—螺杆；3—活塞

摩擦力非常大，所以其效率不高，但是这种结构的摆动角度可大于 360°。

④ 齿轮齿条式摆动气马达　图 3-27 所示为齿轮齿条式摆动气马达的结构原理，其动作是把连接在活塞上的齿条的往复直线运动转变为齿轮的摆动。当马达左腔进气、右腔排气时，活塞推动齿条向左运动，齿轮和轴顺时针摆动，输出转矩，反之齿轮逆时针摆动。其回转角度取决于活塞的行程和齿轮的节圆半径。活塞仅作往复直线运动，摩擦损失小，齿轮的效率较高，若制造质量好，效率可达 95%左右。这种摆动气马达的回转角度不受限制，可超过 360°，但不宜太大，否则齿条太长也不合适。

3.2.2　旋转气马达

旋转气马达也是气动执行元件的一种。它输出转矩，拖动机构作旋转运动。旋

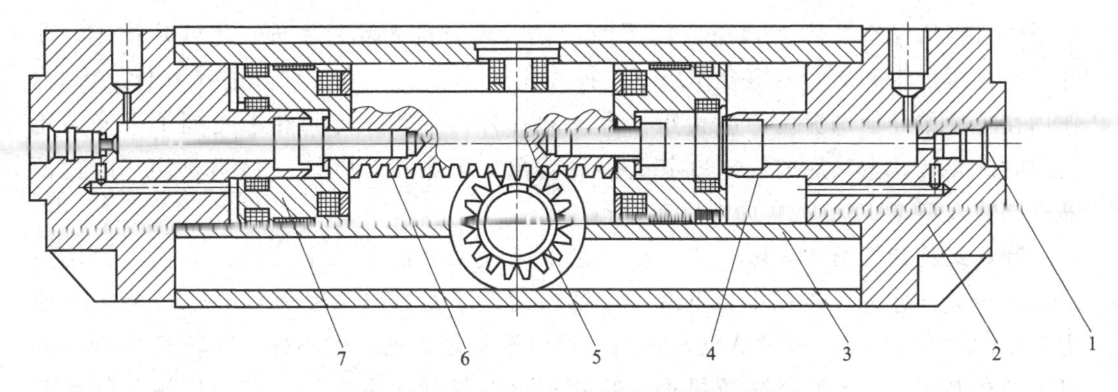

图 3-27 齿轮齿条式摆动气马达的结构原理

1—缓冲节流阀；2—端盖；3—缸体；4—缓冲柱塞；5—齿轮；6—齿条；7—活塞

转气马达按结构形式可分为叶片式、活塞式和齿轮式等。常见的是叶片式和活塞式。叶片式旋转气马达制造简单，结构紧凑，但低速运动转矩小，低速性能不好，适用于中、小功率的机械，目前在风动工具中应用普遍。活塞式旋转气马达在低速情况下有较大的输出功率，它的低速性能好，适用于载荷较大和有低速要求的机械，如起重机、绞车、绞盘、拉管机等。

旋转气马达具有以下特点：工作安全，可以在易燃易爆场所工作，同时不受高温和振动的影响；可长时间满载工作而温升较小；可无级调速，控制进气流量，就能调节马达的转速和功率；具有较高的启动转矩，可以直接带负载运动；结构简单，操纵方便，维护容易，成本低；输出功率相对较小；效率低，噪声大。

(1) 叶片式旋转气马达

图 3-28 所示为叶片式旋转气马达的结构原理。叶片式旋转气马达一般有 3～10 个叶片，它们可以在转子的径向槽内活动。转子和输出轴固联在一起，装入偏心的

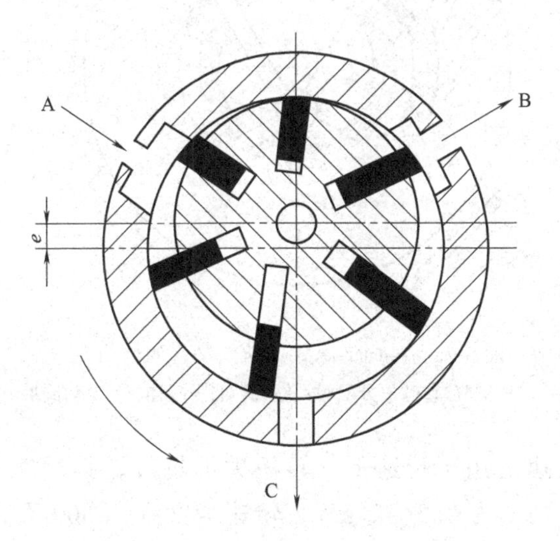

图 3-28 叶片式旋转气马达的结构原理

定子中。当压缩空气从A口进入定子腔后，一部分进入叶片底部，将叶片推出，使叶片在气压推力和离心力综合作用下，抵在定子内壁上，另一部分进入密封工作腔，作用在叶片的外伸部分，产生力矩。由于叶片外伸面积不等，转子受到不平衡力矩而逆时针旋转。做功后的气体由定子孔C排出，剩余残余气体经B口排出。改变压缩空气输入口（B口），马达则反向旋转。

叶片式旋转气马达一般在中、小容量及高速回转的工况下使用，其耗气量比活塞式旋转气马达大，体积小，重量轻，结构简单。其输出功率为0.1～20kW，转速为500～25000r/min。叶片式气马达启动及低速运转时的特性不好，在转速500r/min以下场合使用，需要配用减速机构。叶片式旋转气马达主要用于矿山机械和气动工具中。

(2) 活塞式旋转气马达

活塞式旋转气马达是一种通过曲柄或斜盘将若干个活塞的直线运动转变为回转运动的气马达。按其结构不同，可分为径向活塞式和轴向活塞式两种。

图3-29所示为径向活塞式旋转气马达的结构原理。其工作室由缸体和活塞构成。3～6个气缸围绕曲轴呈放射状分布，每个气缸通过连杆与曲轴相连。通过压缩空气分配阀向各气缸顺序供气，压缩空气推动活塞运动，带动曲轴转动。当压缩空气分配阀转到某角度时，气缸内的余气经排气口排出。改变进、排气方向，可实现气马达的正、反转。

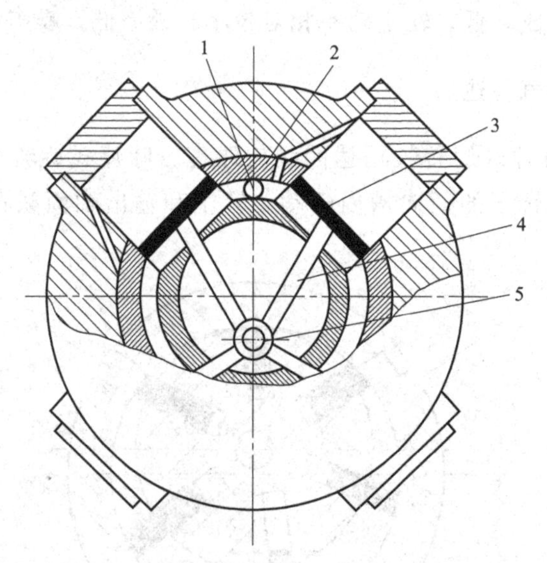

图3-29 径向活塞式旋转气马达的结构原理
1—进气口；2—分配阀；3—活塞；4—连杆；5—曲轴

活塞式旋转气马达适用于转速低、转矩大的场合。其耗气量不小，且构成零件多，价格高。其输出功率为0.2～20kW，转速为200～4500r/min。活塞式旋转气马达主要用于矿山机械，也可用作传送带等的驱动马达。

(3) 齿轮式旋转气马达

齿轮式旋转气马达有双齿轮式和多齿轮式，以双齿轮式应用较多。齿轮可采用直齿、斜齿和人字齿。图 3-30 所示为齿轮式旋转气马达的结构原理。这种气马达的工作室由一对齿轮构成，压缩空气由对称中心处输入，齿轮在压力的作用下回转。采用直齿轮的气马达可以正、反双向转动，采用斜齿轮或人字齿轮的气马达则不能反转。

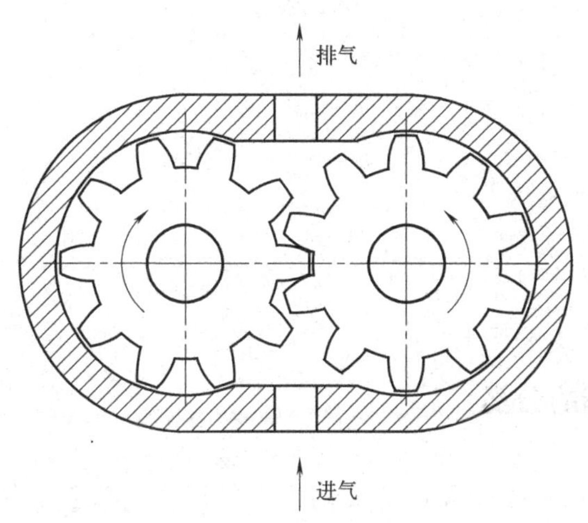

图 3-30 齿轮式旋转气马达的结构原理

采用直齿轮的气马达，供给的压缩空气通过齿轮时不膨胀，因此效率低。当采用斜齿轮或人字齿轮时，压缩空气膨胀 60%～70%，提高了效率。

齿轮式旋转气马达与其他类型的旋转气马达相比，具有体积小、重量轻、结构简单、对气源质量要求低、耐冲击及惯性小等优点，但转矩脉动较大，效率较低。小型齿轮式旋转气马达转速高达 10000r/min，大型的能达到 1000r/min，功率可达 50kW。齿轮式旋转气马达主要用于矿山机械。

第4章

气动控制元件

4.1 概述

4.1.1 气动控制阀的分类

气动控制阀的功用是控制和调节压缩空气的压力、流量、流动方向及发送信号，利用它们可以组成各种气动控制回路，使气动执行元件按设计的程序正常地工作。

气动控制阀按功能和用途可以分为压力控制阀、流量控制阀和方向控制阀三大类。此外，还有通过改变气流方向和通断实现各种逻辑功能的气动逻辑元件和射流元件等。随着气动元件的小型化以及PLC控制在气动系统中的大量应用，气动逻辑元件的应用范围正在逐渐减小。

从控制方式来分，气动控制阀可分为断续控制阀和连续控制阀两类。在断续控制系统中，通常要用压力控制阀、流量控制阀和方向控制阀来实现程序动作；在连续控制系统中，除了要用压力控制阀、流量控制阀外，还要采用伺服控制阀、比例控制阀等，以便对系统进行连续控制。

4.1.2 气动控制阀的特点

气动控制阀（简称气动阀）与液压阀比较有如下特点。

① 对泄漏的要求不同。液压阀对向外的泄漏要求严格，而对元件内部的少量泄漏是允许的，外漏会造成系统压力下降和对环境的污染；对气动阀来说，除间隙密封的阀外，原则上不允许内部泄漏，否则有导致事故的危险。

② 对润滑的要求不同。液压系统的工作介质为液压油，液压阀不存在对润滑的要求；气动系统的工作介质为空气，空气无润滑性，因此许多气动阀需要油雾润滑。

③ 压力范围不同。气动阀的工作压力比液压阀低。气动阀的工作压力通常在

1MPa以内；液压阀的工作压力通常在50MPa以内。气动阀在超过最高允许压力下使用，往往会发生严重事故。

④ 使用特点不同。一般气动阀比液压阀结构紧凑、重量轻，易于集成安装，阀的工作频率高、使用寿命长。气动阀正向低功率、小型化方向发展，可与微机和可编程控制器直接连接，也可与电子器件一起安装在印制电路板上，通过标准板接通气电回路，省去了大量配线，适用于气动工业机械手、复杂的生产制造装配线等。

4.1.3 气动控制阀的选用

正确选择气动控制阀是设计气动系统的重要环节，选择合理能够使线路简化，减少控制阀的品种和数量，降低压缩空气的消耗量，降低成本并提高系统的可靠性。

选用气动控制阀要重点考虑以下问题。

① 阀的技术规格能否满足使用环境的要求，如气源工作压力范围，电源条件(交、直流及电压等)，介质温度，环境温度、湿度以及粉尘等情况。

② 阀的机能和功能是否满足需要，尽量选择机能一致的阀。

③ 主阀必须根据执行元件的流量来选择通径，先导阀（信号阀）则应根据所控制阀的远近、数量和要求动作的时间来选择通径。

④ 根据使用条件、使用要求来选择阀的结构形式。如要求严格密封，一般选择软质密封阀；如要求换向力小，有记忆性能，应选择滑阀；如气源过滤条件差，采用截止式阀为好。

⑤ 从安装维护方面考虑板式连接较好，特别是对于集中控制的自动、半自动控制系统优越性更突出。

⑥ 在设计控制系统时，应尽量减少阀的种类，避免采用专用阀，选择标准化系列阀，以利于专业化生产、降低成本和便于维护。

⑦ 调压阀的选用要根据使用要求选定类型和调压精度，根据最大输出流量选择其通径。

⑧ 安全阀的选择应根据使用要求选定类型，根据最大输出流量选择其通径。

⑨ 选用气动流量阀要注意，管道不能有漏气现象，气缸、活塞间的润滑状态要好，尽可能采用出口节流调速方式，外加负载应当稳定。

4.2 气动控制阀

4.2.1 压力控制阀

气动压力控制阀在气动系统中主要起调节或稳定气源压力、控制执行元件的动作顺序、保证系统的工作安全等作用。常用的压力控制阀有溢流阀（安全阀）、减压阀、顺序阀、增压阀等。

4.2.1.1 溢流阀（安全阀）

溢流阀和安全阀在结构和功能方面相似，有时可以不加以区别。溢流阀调定系统的压力，并保持压力恒定；安全阀在系统中起安全保护作用，限制系统的最大压力。

图 4-1 所示为一种直动式溢流阀的结构原理及图形符号。图 4-1（a）左侧图示为阀的初始位置，预先调整手柄，使调压弹簧压缩，阀门关闭；图 4-1（a）右侧图示为当气压达到调定值时，气体压力将克服弹簧预紧力，活塞上移，开启阀门排气；当系统内压力降至调定压力以下时，阀门重新关闭。调节弹簧预紧力，即可改变阀的开启压力。

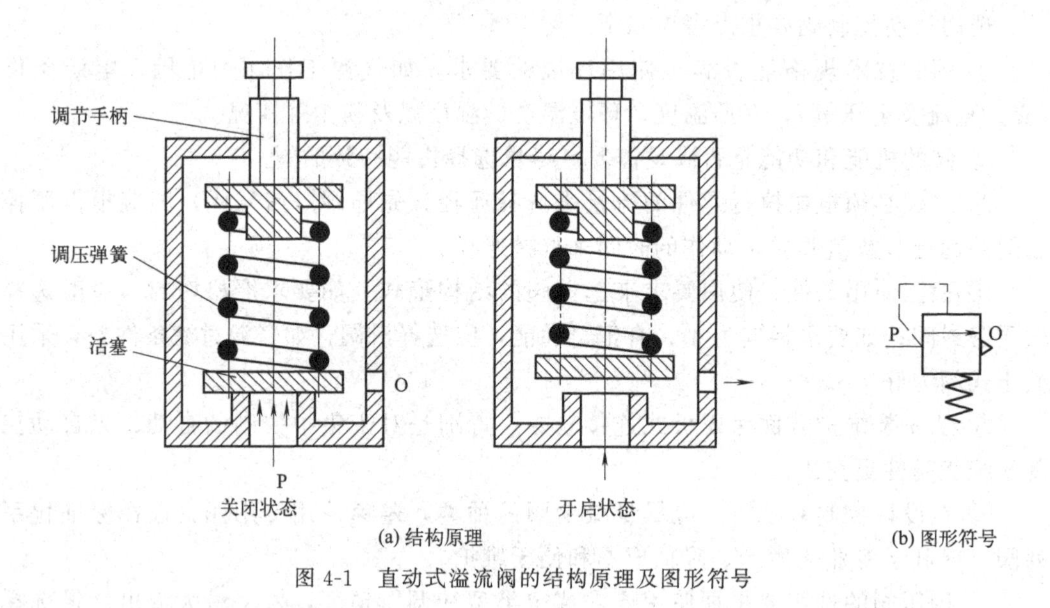

图 4-1 直动式溢流阀的结构原理及图形符号

直动式溢流阀一般通径较小，先导式溢流阀一般用于通径较大或需要远距离控制的场合。

4.2.1.2 减压阀

在一个气动系统中，来自同一压力源的压缩空气可能要去控制不同的执行元件(气缸或气马达等)，不同的执行元件对于压力的需求是不一样的，因此各气动支路的压力也是不同的。这就需要使用一种控制元件为每一支路提供不同的稳定压力，这种元件就是减压阀。气动减压阀是将较高的输入压力调到规定的输出压力，并能保持其稳定的气动控制阀。

(1) 减压阀的结构原理

减压阀的调压方式有直动式和先导式两种。直动式是借助弹簧力直接操纵的调压方式；先导式是用预先调整好的气压来代替直动式调压弹簧进行调压的。图 4-2（a）所示为一种常用的直动式减压阀结构原理，可利用手柄直接调节调压弹簧来改变阀的输出压力。图 4-2（b）所示为直动式减压阀的图形符号。

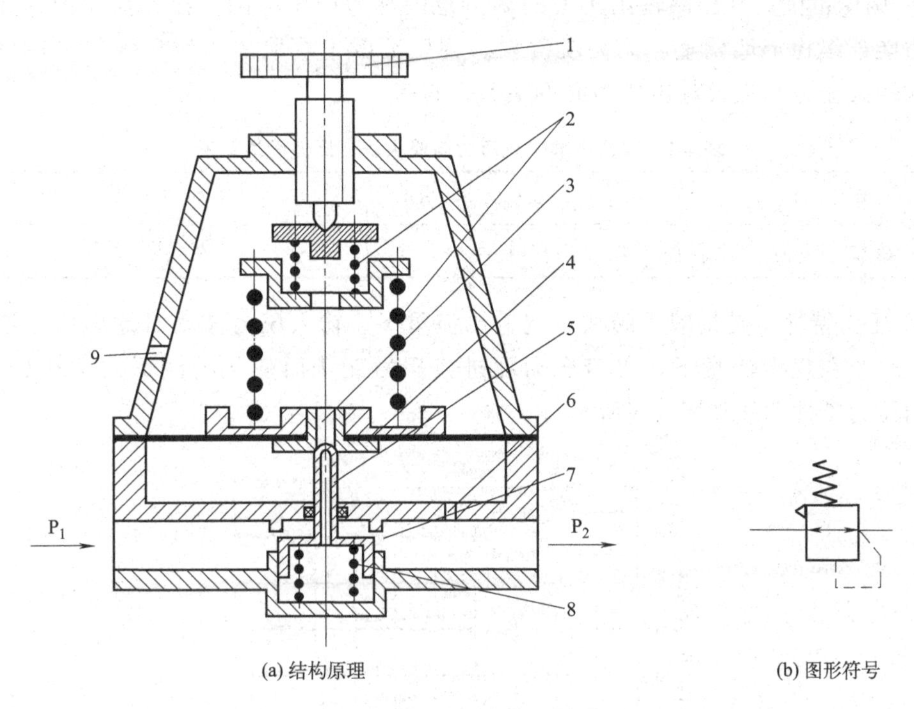

(a) 结构原理　　(b) 图形符号

图 4-2　直动式减压阀的结构原理及图形符号

1—手柄；2—调压弹簧；3—溢流口；4—膜片；5—阀芯；6—反馈导管；7—阀口；8—复位弹簧；9—排气孔

顺时针旋转手柄 1，则压缩调压弹簧 2，推动膜片 4 下移，膜片又推动阀芯 5 下移，阀口 7 被打开，气流通过阀口后压力降低；与此同时，部分输出气流经反馈导管 6 进入膜片气室，在膜片上产生一个向上的推力，当此推力与弹簧力相平衡时，输出压力便稳定在一定值。

若输入压力发生波动，例如输入压力瞬时升高，则输出压力也随之升高，作用在膜片上的推力增大，膜片上移，向上压缩弹簧，溢流口 3 有瞬时溢流，并靠复位弹簧 8 及气压的作用，使阀芯上移，阀门开度减小，节流作用增大，使输出压力回降，直到新的平衡为止。重新平衡后的输出压力又基本上恢复至原值。反之，若输入压力瞬时下降，则输出压力也相应下降，膜片下移，阀门开度增大，节流作用减小，输出压力又基本上回升至原值。如输入压力不变，输出流量变化，使输出压力发生波动（增高或降低）时，依靠溢流口的溢流作用和膜片上力的平衡作用推动阀芯，仍能起稳压作用。

逆时针旋转手柄时，压缩弹簧的力不断减小，膜片气室中的压缩空气经溢流口不断从排气孔 9 排出，阀口 7 逐渐关闭，直至输出压力为零。

(2) 减压阀的主要特性

减压阀的主要特性包括调压范围、压力特性、流量特性和溢流特性。

① 调压范围　减压阀输出压力的调节范围称为调压范围。在此范围内，要求输出压力能连续稳定地调整，无突跳现象。调压范围主要取决于调压弹簧的刚度。减压阀的输入压力与最大输出压力间的关系可查表 4-1。

表 4-1　减压阀的输入压力与最大输出压力间的关系　　MPa

输入压力	0.4	0.63	1.0	1.2	1.6	2.5	4.0
最大输出压力	0.25	0.4	0.63	0.8	1.0	1.6	2.5

② 压力特性　是指减压阀在一定输出流量下，输入压力波动对输出压力波动的影响。要求在规定流量下，出口压力随进口压力变化而变化的值不大于 0.05MPa。典型的压力特性曲线如图 4-3 所示。

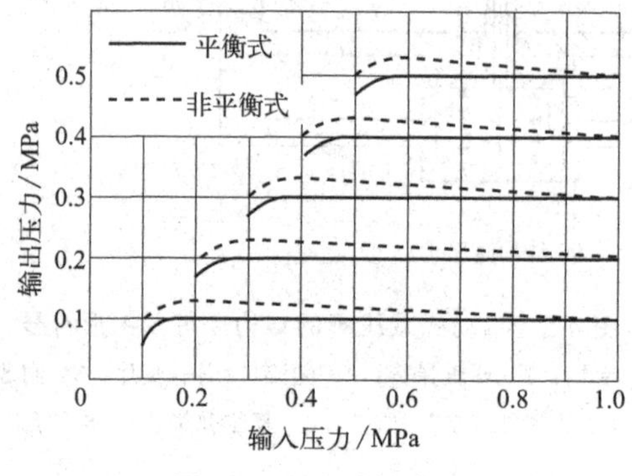

图 4-3　压力特性曲线

③ 流量特性　是指减压阀在一定输入压力下，输出流量的变化对输出压力波动的影响。输出流量在较大范围内变化时，出口压力的变化越小越好。典型的流量特性曲线如图 4-4 所示。

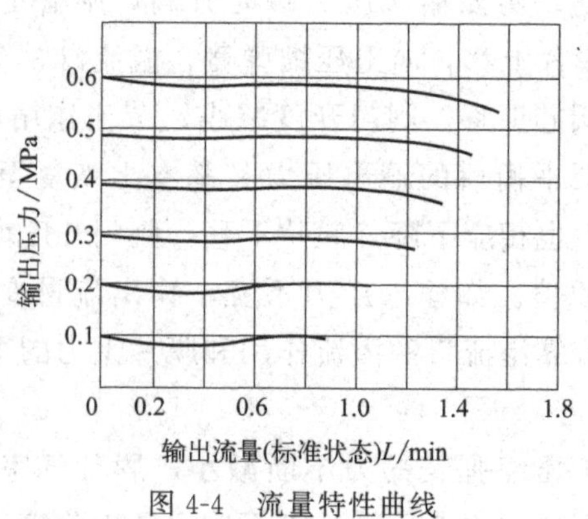

图 4-4　流量特性曲线

减压阀的压力特性和流量特性表示了其稳压性能，是选用阀的重要依据。阀的输出压力只有低于输入压力一定值时，才能保证输出压力的稳定。另外，阀的输出压力越低，受流量的影响越小，但在小流量时，输出压力波动较大。当实际流量超出规定的额定流量时，输出压力将急剧下降。

④ 溢流特性　是指阀的输出压力超过调定值时，溢流阀口打开，空气从溢流口流出。减压阀的溢流特性表示通过溢流口的溢流流量 q 与输出口的超压压力 Δp $(=p_2'-p_2)$ 之间的关系。溢流特性曲线如图 4-5 所示。

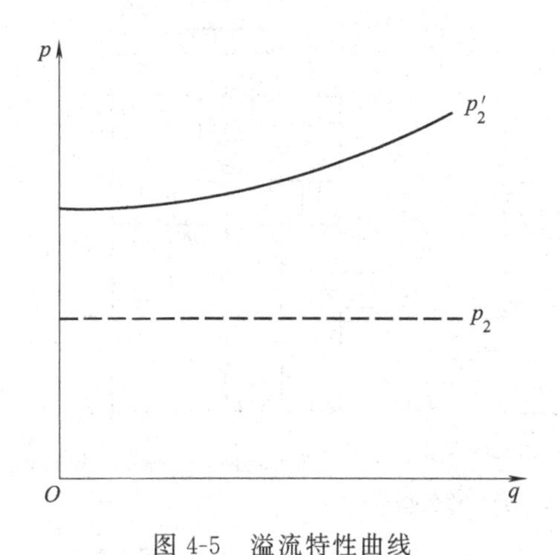

图 4-5　溢流特性曲线

p_2—减压阀输出压力调定值；p_2'—溢流口即将打开时的输出压力

(3) 减压阀的安装、使用注意事项

① 减压阀最好竖直安装，阀体上的箭头方向为气体的流动方向，不能把进口与出口装反，减压阀的进口压力应比最高出口压力大 0.1MPa 以上。

② 安装减压阀时，最好手柄在上，以便于操作。阀体上堵头可以拧下来，装上压力表。

③ 连接管道安装前，要用压缩空气吹净或用酸蚀法将铁锈等清洗干净。滑动部分要涂润滑油，保证阀芯与膜片同心。

④ 按气体的流动方向，首先安装空气过滤器，然后安装减压阀，最后安装油雾器。以防减压阀中的橡胶件过早变质。

⑤ 为延长使用寿命，减压阀不使用时，应旋松手柄回零，以免零件长期受压产生塑性变形，影响调压精度。

4.2.1.3　顺序阀

顺序阀也称压力联锁阀，是依靠回路中压力的变化来控制顺序动作的一种压力控制阀。顺序阀是当进口压力或先导压力达到设定值时，便允许压缩空气从进口侧向出口侧流动的阀。使用它，可依据气压的大小来控制气动回路中各元件动作的先后顺序。顺序阀常与单向阀并联，构成单向顺序阀。

图 4-6（a）左侧图示，压缩空气从 P 口进入阀后，作用在阀芯的环形面积上，当此作用力低于调压弹簧的作用力时，阀关闭；图 4-6（a）右侧图示，当空气压力超过调定的压力值时将阀芯顶起，气压立即作用于阀芯的全面积上，使阀达到全开状态，压缩空气便从 A 口输出。当 P 口的压力低于调定压力时，阀再次关闭。图 4-6（b）所示为顺序阀的图形符号。

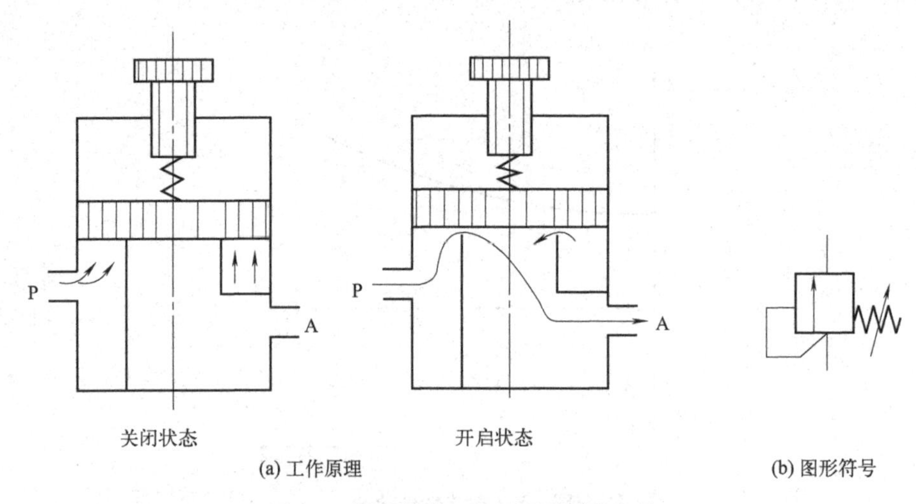

图 4-6　顺序阀的工作原理及图形符号

图 4-7 所示为单向顺序阀的工作原理及图形符号。图 4-7（a）左侧图示为气体正向流动时，进口 P 的气压作用在阀芯上，当它超过弹簧预紧力时，阀芯被顶起，出口 A 有输出，单向阀在压差力和弹簧力作用下处于关闭状态；图 4-7（a）右侧图示为气体反向流动时，进气口变成排气口，出口压力将顶开单向阀，使 A 口和排气口接通。调节手柄可改变顺序阀的开启压力。

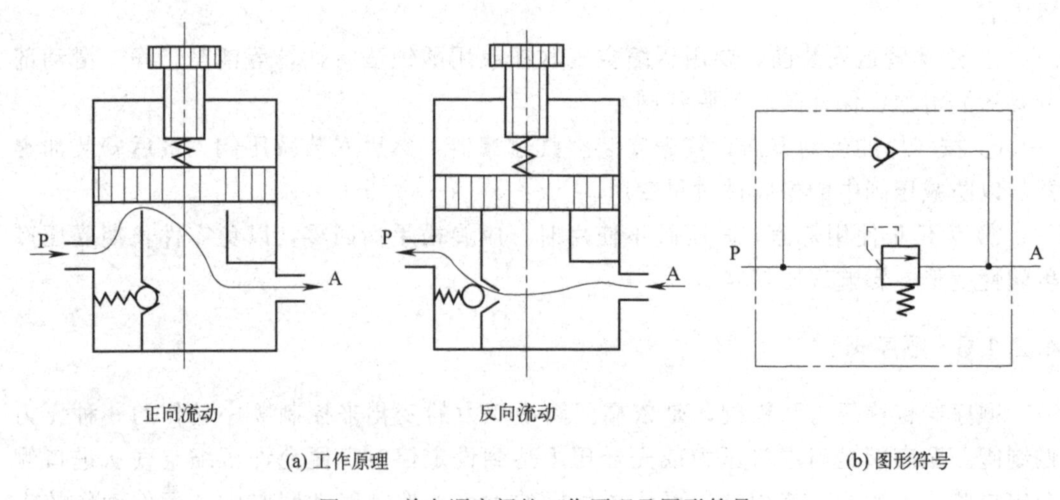

图 4-7　单向顺序阀的工作原理及图形符号

4.2.1.4 增压阀

工厂气路中的压力通常不高于1.0MPa。但在下列情况下，却需要少量、局部高压气体：气路中个别或部分装置需要高压（比主气路压力高）；主气路压力下降，不能保证气动装置的最低使用压力；空间窄小，不能配置大缸径气缸，但又必须确保输出力；气控远距离操作，必须增压以弥补压力损失。因此，需要使用增压阀对部分支路进行增压。

图4-8所示为增压阀的工作原理。输入的压缩空气分两路：一路气体打开单向阀充入小气缸的增压室A和B；另一路经调压阀及换向阀，向大气缸的驱动室B充气，驱动室A排气。这样，大活塞左移，带动小活塞也左移，增压室B增压，打开单向阀从出口送出高压气体。小活塞移动至终点，使换向阀切换，则驱动室A进气，驱动室B排气，大活塞反向运动，增压室A增压，打开单向阀，继续从输出口送出高压气体。以上动作反复进行，便可从出口得到连续输出的高压气体。出口压力反馈至调压阀，可使出口压力自动保持在某一值，得到在增压比范围内的任意设定的出口压力。

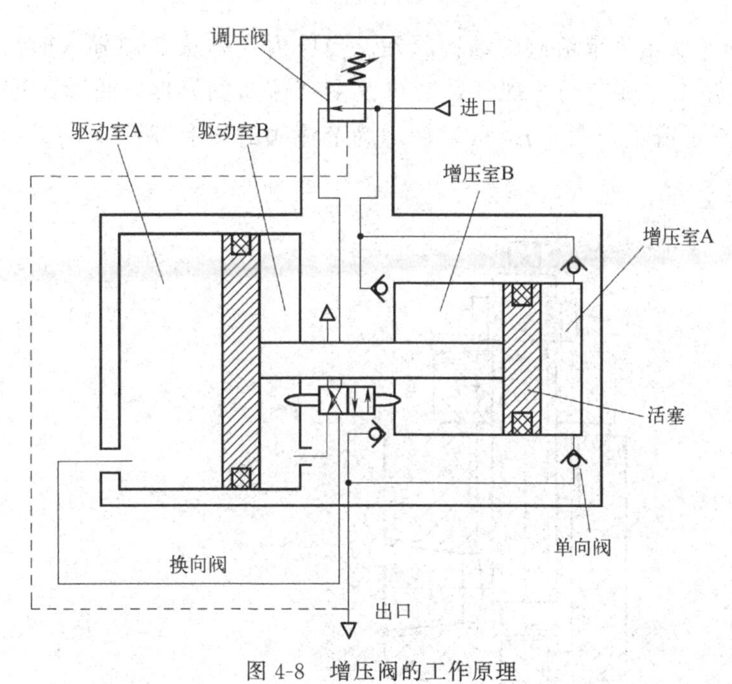

图4-8 增压阀的工作原理

4.2.2 流量控制阀

气动流量控制阀是通过改变阀的通流面积来实现流量控制的元件。气动流量控制阀包括节流阀、单向节流阀、排气节流阀和柔性节流阀等。

4.2.2.1 节流阀

常用节流口形式如图 4-9 所示，节流阀节流口的形式对调节特性影响较大。图 4-9（a）所示的是针阀式节流口，当阀开度较小时，调节比较灵敏，当超过一定开度时，调节流量的灵敏度变差；图 4-9（b）所示的是三角槽式节流口，通流面积与阀芯位移量成线性关系；图 4-9（c）所示的是圆柱斜切式节流口，通流面积与阀芯位移量成指数（指数大于 1）关系，能进行小流量精密调节。

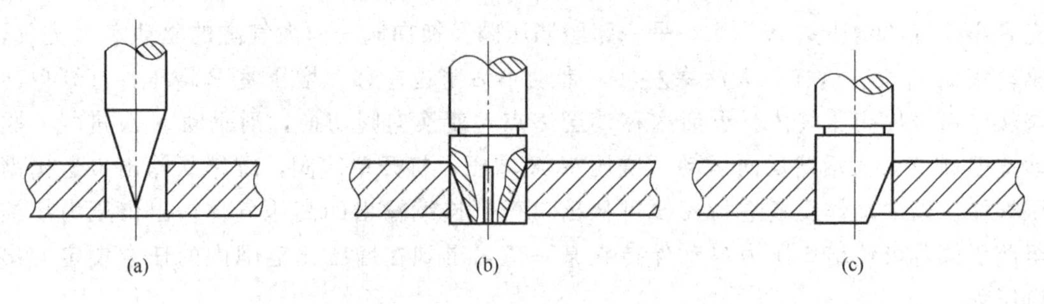

图 4-9 常用节流口形式

图 4-10（a）所示为节流阀的结构原理。当压力气体从 P 口输入时，气流通过节流通道自 A 口输出。旋转阀芯螺杆，就可改变节流口的开度，也就改变了阀的通流面积，从而控制了流量。图 4-10（b）所示为节流阀的图形符号。

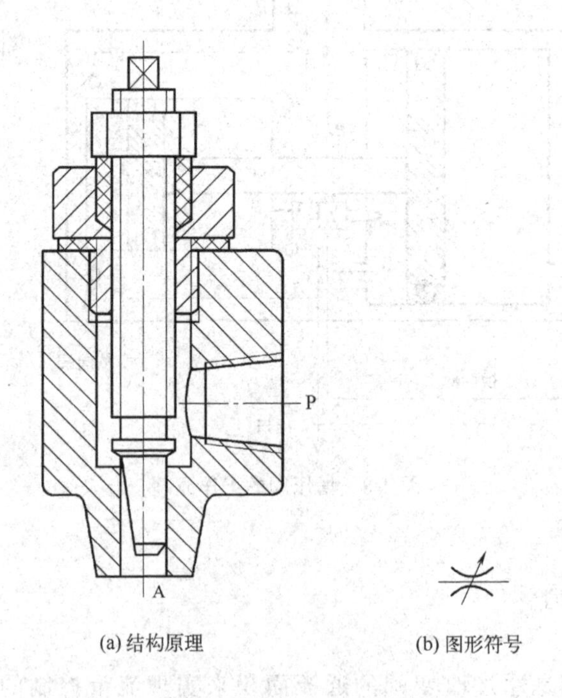

(a) 结构原理　　(b) 图形符号

图 4-10 节流阀的结构原理及图形符号

4.2.2.2 单向节流阀

单向节流阀是由单向阀和节流阀并联而成的组合式流量控制阀。该阀常用于控制气缸的运动速度，故也称速度控制阀。

图 4-11（a）所示为单向节流阀的结构原理。当气体正向流动时（P→A），单向阀关闭，流量由节流阀控制；反向流动时（A→O），在气压作用下单向阀打开，无节流作用。若用单向节流阀控制气缸的运动速度，安装时该阀应尽量靠近气缸。在回路中安装单向节流阀时不要将方向装反。为了提高气缸运动稳定性，应按出口节流方式安装单向节流阀。图 4-11（b）所示为单向节流阀的图形符号。

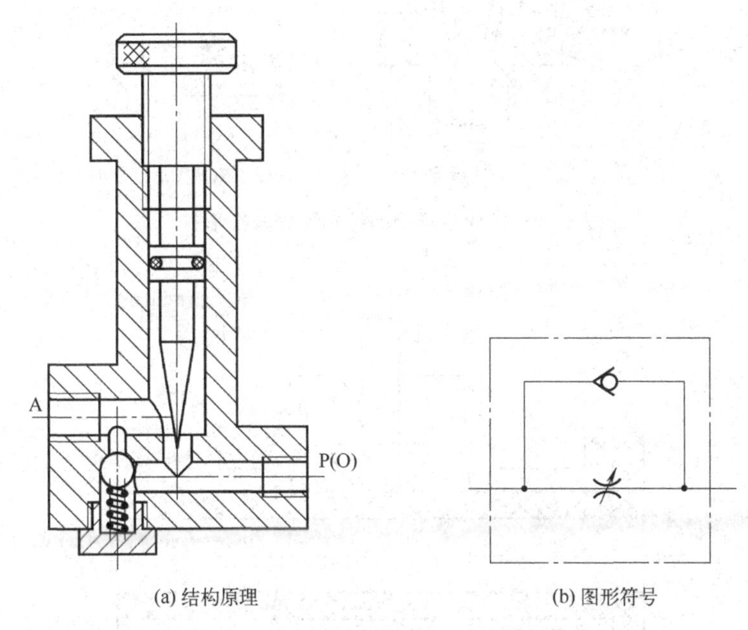

(a) 结构原理　　(b) 图形符号

图 4-11　单向节流阀结构原理及图形符号

4.2.2.3 排气节流阀

排气节流阀安装在系统的排气口处限制气体的流量，同时还具有减小排气噪声的作用，所以常称排气消声节流阀。

图 4-12 所示为排气节流阀的结构原理及图形符号。转动调节手轮可使阀芯上下移动，阀口的通流面积改变，进而控制了排出气体的流量。节流口的排气经过由消声材料制成的消声套，在节流的同时减少了排气噪声，排出的气体一般通入大气。

4.2.2.4 柔性节流阀

图 4-13 所示为柔性节流阀的结构原理，依靠阀杆夹紧柔韧的橡胶管而产生节流作用，也可用气压代替阀杆压缩橡胶管。柔性节流阀结构简单，压降小，动作可靠，对污染不敏感。

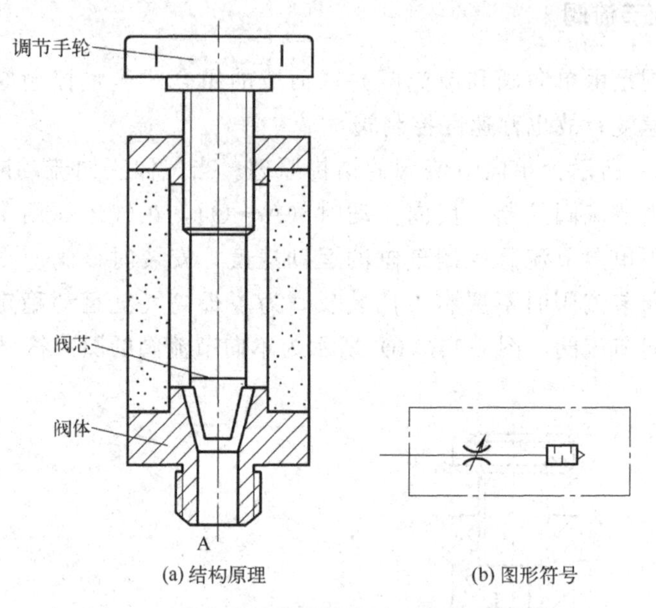

图 4-12 排气节流阀的结构原理及图形符号

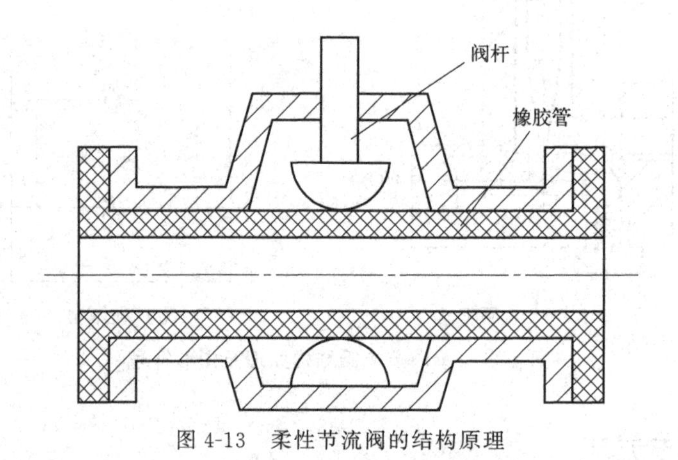

图 4-13 柔性节流阀的结构原理

4.2.3 方向控制阀

气动方向控制阀是气动系统中通过改变压缩空气的流动方向和气流通断，来控制执行元件启动、停止及运动方向的气动元件。根据阀内气流的方向、阀芯的结构形式及阀的密封形式等，可将方向控制阀分为不同的类型（表 4-2）。

4.2.3.1 单向型控制阀

单向型控制阀只允许气体沿一个方向流动。常用的单向型控制阀有普通单向阀、气控单向阀、梭阀、双压阀、快速排气阀等。

表 4-2　方向控制阀的分类

分类方式	类　型
按阀内气流的方向	单向阀、换向阀
按阀芯的结构形式	截止式阀、滑阀
按阀的密封形式	硬质密封、软质密封
按阀的工作位数及通口数	二位三通、二位五通、三位五通等
按阀的控制方式	气压控制、电磁控制、机械控制、人力控制

(1) 普通单向阀

普通单向阀只允许气流在一个方向上通过，而在相反方向上则完全关闭，如图 4-14 (a) 所示，图示位置为阀芯在弹簧力作用下关闭。在 P 口引入气压后，作用在阀芯上的气体压力克服弹簧力和摩擦力将阀芯打开，P 口与 A 口连通。气体从 P 口流向 A 口的流动称为正向流动。为了保证气体从 P 口到 A 口稳定流动，应在 P 口和 A 口之间保持一定的压力差，使阀保持在开启位置。若在 A 口引入气压，A 口和 P 口不通，即气体不能反向流动。弹簧的作用是增加密封性，防止低压泄漏，另外在反向流动时，使阀门迅速关闭。图 4-14 (b) 所示为其图形符号。

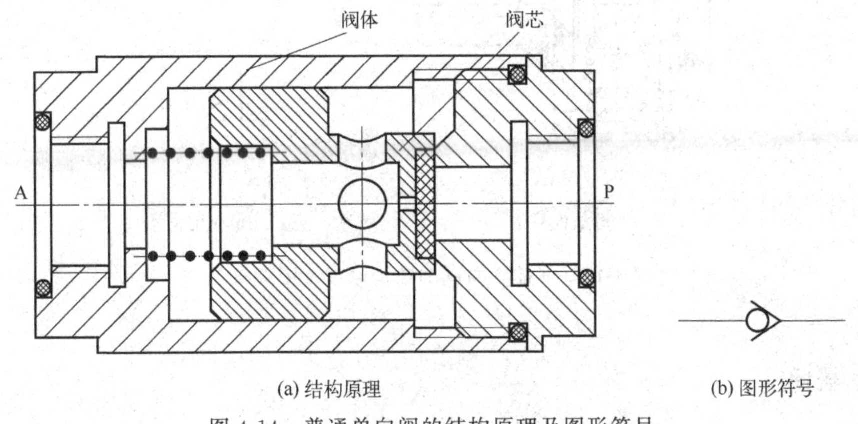

(a) 结构原理　　(b) 图形符号

图 4-14　普通单向阀的结构原理及图形符号

单向阀的特性包括最低开启压力、压降和流量特性等。单向阀是在压缩空气作用下开启的，因此在阀开启时，必须满足最低开启压力，否则不能开启。即使阀处在全开状态也会产生压降，因此在精密的压力调节系统中使用单向阀时，需预先了解阀的最低开启压力和压降情况。一般最低开启压力为 $(0.1\sim0.4)\times10^5$ Pa，压降为 $(0.06\sim0.1)\times10^5$ Pa。

在气动系统中，为防止储气罐中的压缩空气倒流回空压机，在空压机和储气罐之间应装有单向阀。单向阀还可与其他阀组合使用，例如单向节流阀、单向顺序阀等。

(2) 气控单向阀

气控单向阀比普通单向阀增加了一个控制口（K 口），如图 4-15（a）所示，K 口未通入控制气体时，气控单向阀与普通单向阀功能相同，即气体从 P 口流向 A 口，而不能从 A 口流向 P 口，如果 K 口通入控制气体，在控制气体的作用下，阀芯被顶开，气体可以通过 A 口流向 P 口实现反向流动。图 4-15（b）所示为其图形符号。

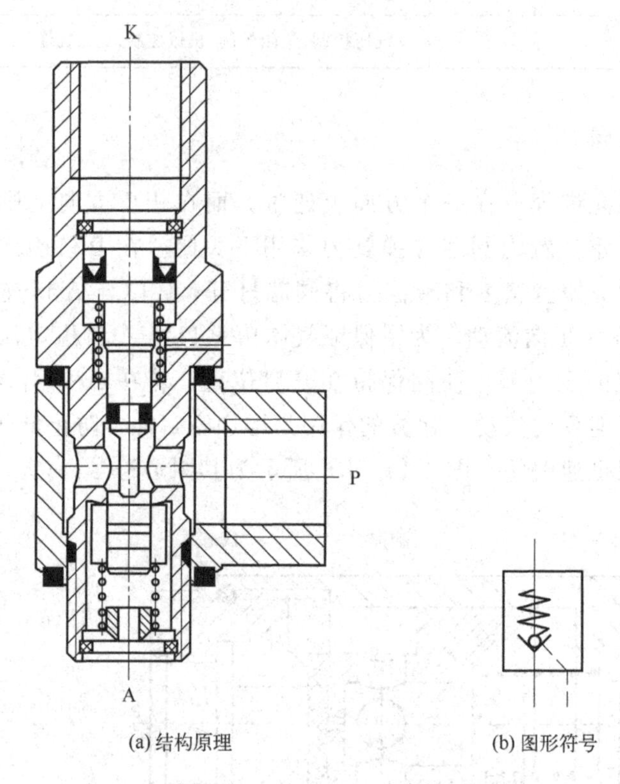

(a) 结构原理　　(b) 图形符号

图 4-15　气控单向阀的结构原理及图形符号

(3) 梭阀

图 4-16 所示为或门型梭阀的结构原理及图形符号。其工作特点是无论 P_1 口单独通气还是 P_2 口单独通气，都能与 A 口相通；当 P_1 口和 P_2 口同时通气时，哪端压力高，A 口就和哪端相通，另一端关闭，其逻辑关系为“或”。

或门型梭阀在逻辑回路和程序控制回路中被广泛采用，图 4-17 是在手动-自动回路的转换上常用的或门型梭阀。

(4) 双压阀

双压阀的作用相当于与门逻辑功能。图 4-18 所示为双压阀的结构原理及图形符号，只有 P_1、P_2 两口同时有输入时，A 口才有输出。

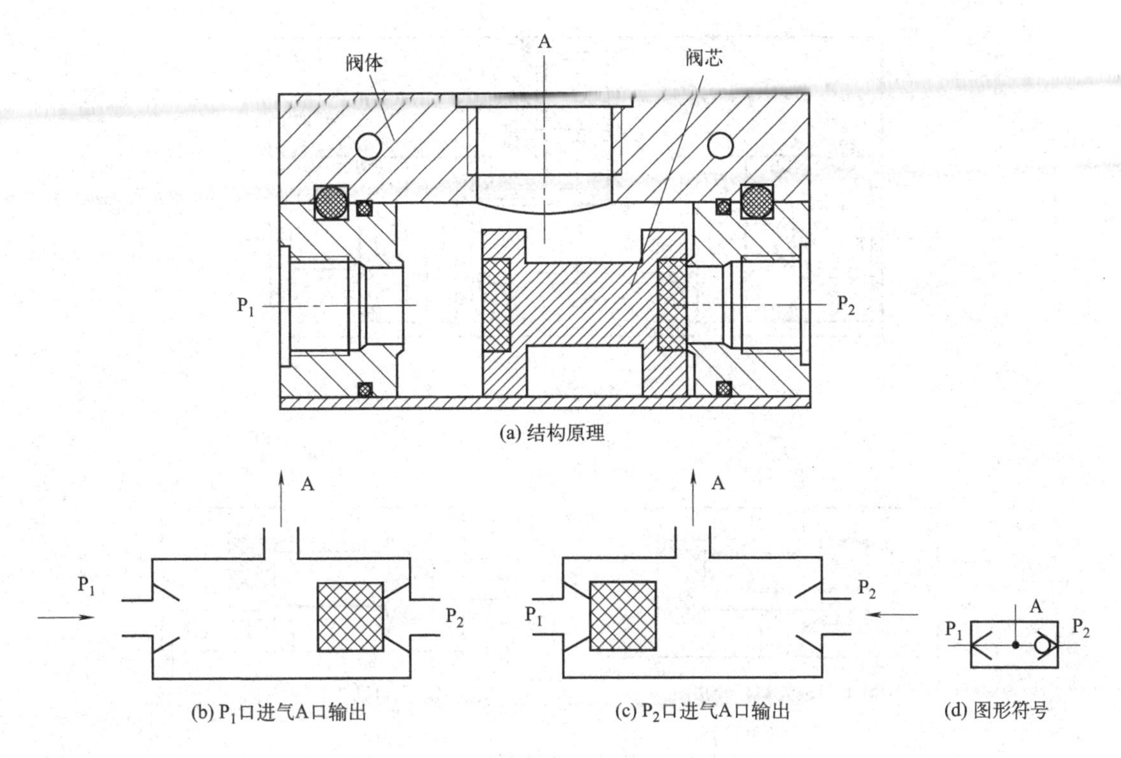

图 4-16　或门型梭阀的结构原理及图形符号

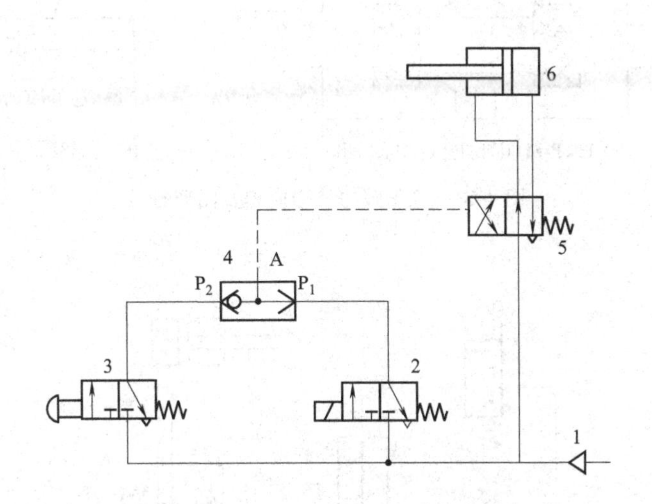

图 4-17　或门型梭阀在手动-自动换向回路中的应用

1—气源；2—二位三通电磁换向阀；3—二位三通手动换向阀；4—或门型梭阀；5—二位四通气控换向阀；6—气缸

图 4-19 所示回路为双压阀在机床中的应用实例，回路保证可靠地定位、夹紧后，才能钻削。

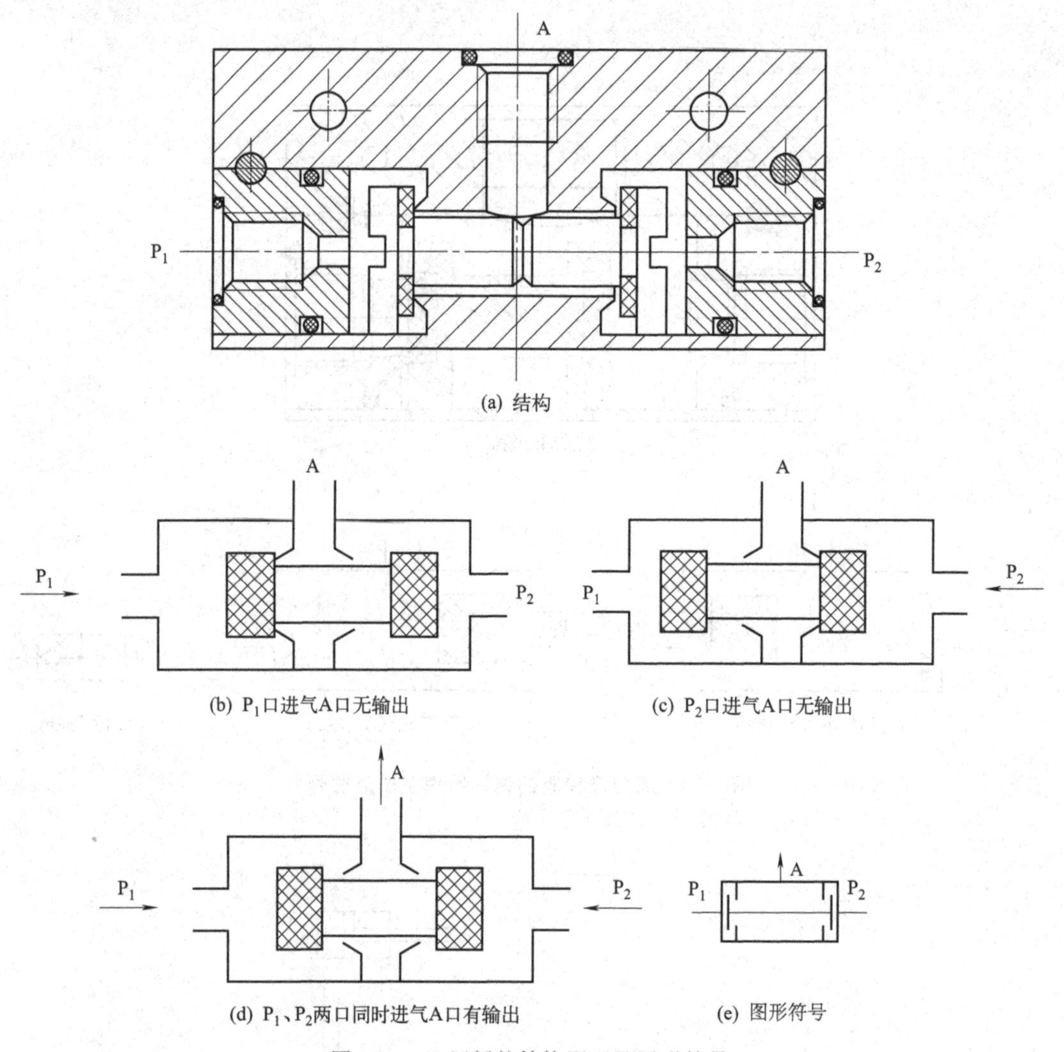

图 4-18　双压阀的结构原理及图形符号

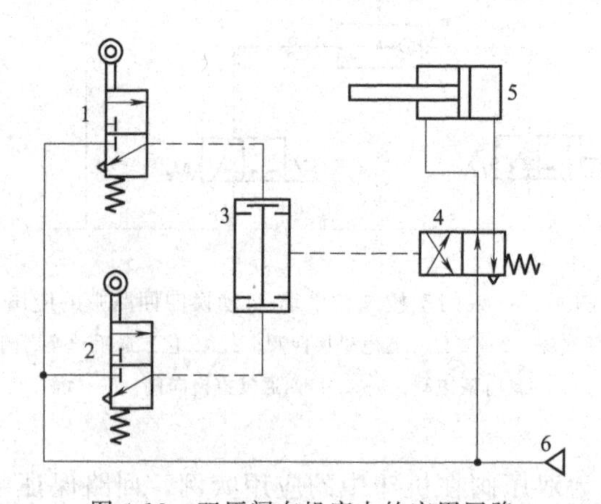

图 4-19　双压阀在机床中的应用回路

1，2—机动换向阀；3—双压阀；4—气控换向阀；5—钻孔缸；6—气源

(5) 快速排气阀

快速排气阀是为使气缸快速排气，加快气缸运动速度而设置的专用阀，安装在换向阀和气缸之间。图 4-20（a）所示为快速排气阀的结构原理。当 P 口进气时，推动膜片向下变形，打开 P 口与 A 口的通路，关闭 O 口，如图 4-20（b）所示；当 P 口没有进气时，A 口进入的气体推动膜片复位，关闭 P 口，A 口气体经 O 口快速排出，如图 4-20（c）所示。快速排气阀的图形符号如图 4-20（d）所示。

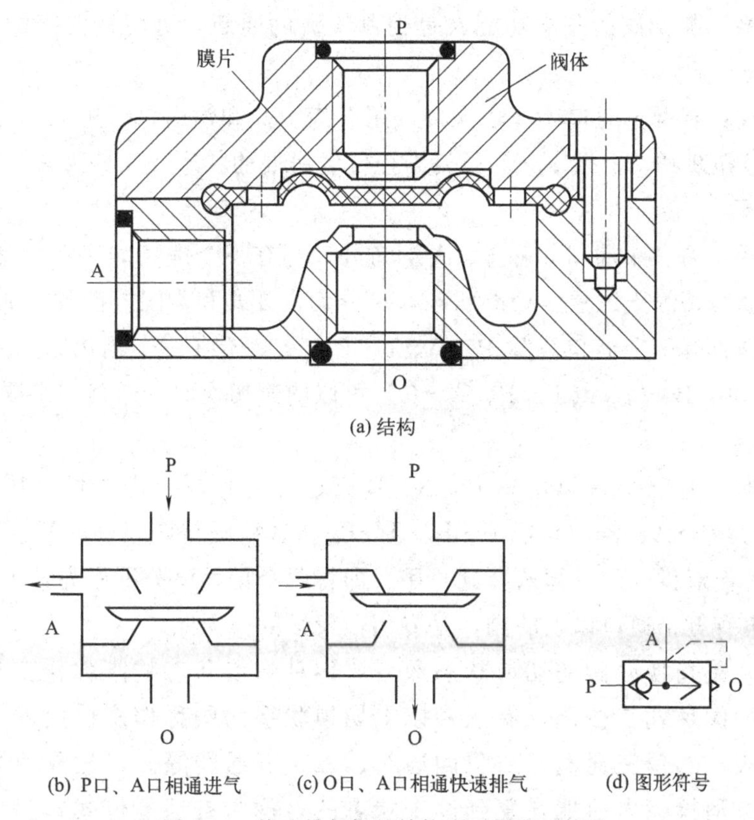

图 4-20 快速排气阀的结构原理及图形符号

图 4-21 所示为快速排气阀的应用回路，该回路可使气缸的无杆腔排气不经过换向阀即可完成。

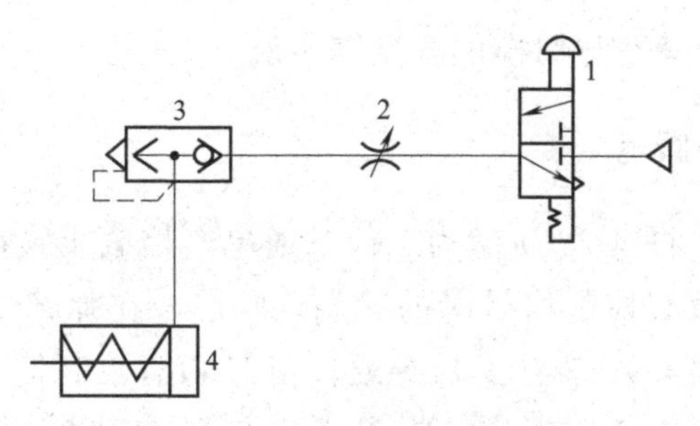

图 4-21 快速排气阀的应用回路

1—手动换向阀；2—节流阀；3—快速排气阀；4—单作用气缸

4.2.3.2 换向型控制阀

换向型控制阀（简称换向阀）是指可以改变气体流动方向的控制阀，它通过改变气流通道而使气体流动方向发生变化，从而达到改变气动执行元件运动方向的目的。

(1) 换向阀的通口数与位数

① 通口数　换向阀的基本功能就是控制气流的通断，可用换向阀的通口数来表达其切换功能。

a. 二通阀：有两个通口，即输入口（用P表示）和输出口（用A表示），只能控制流道的接通和断开。根据P→A通路静止位置所处的状态，又分为常开式二通阀和常闭式二通阀。

b. 三通阀：有三个通口，除P、A两口外，还有一个排气口（用O表示）。根据P→A、A→O通路静止位置所处的状态，也分为常开式和常闭式两种三通阀。

c. 四通阀：有四个通口，除P、A、O三口外，还有一个输出口（用B表示）。其通路为P→A、B→O，或P→B、A→O。可以同时切换两个通路，主要用于控制双作用气缸。

d. 五通阀：有五个通口，除P、A、B三口外，有两个排气口（用O_1、O_2表示）。其通路为P→A、B→O_2或P→B、A→O_1。这种阀与四通阀一样用于控制双作用气缸，也可作双供气阀（即选择阀）用，即将两个排气口分别作为输入口P_1、P_2。

此外，也有五个通口以上的阀，是专用性较强的换向阀。

② 位数　是指换向阀的切换状态数，有两种切换状态的阀称作二位阀，有三种切换状态的阀称作三位阀，有三种以上切换状态的阀称作多位阀。二位阀通常有二位二通阀、二位三通阀、二位四通阀、二位五通阀等。二位阀有两种复位方式：一种是取消操纵力后能恢复到原来状态的，称为自动复位式；另一种是不能自动复位的（除非加反向的操纵力），称为记忆式。三位阀通常有三位三通阀、三位四通阀、三位五通阀等。三位阀中，中间位置有封闭（保压）、卸荷、加压三种状态。

常见气动换向阀的通路与切换位置见表4-3。

(2) 换向阀的结构原理

① 截止式换向阀　图4-22所示为二位三通单气控截止式换向阀的结构原理及图形符号。图示为K口没有控制信号时的状态，阀芯3在弹簧2与P口气压作用下右移，使P口与A口断开，A口与T口导通；当K口有控制信号时，推动活塞5通过阀芯压缩弹簧打开P口与A口通道，封闭A口与T口通道。图示为常断型阀，如果P口、T口换接则成为常开型阀。这里，阀芯换位采用的是加压的方法。

表 4-3　常见气动换向阀的通路与切换位置

项目	二位	三位		
		中位保压式	中位卸荷式	中位加压式
二通	A P 常闭　A P 常开			
三通	A P O 常闭　A P O 常开	A P O		
四通	AB P O	AB P O	AB P O	AB P O
五通	A B O_1 P O_2	AB O_1 P O_2	AB O_1 P O_2	AB O_1 P O_2

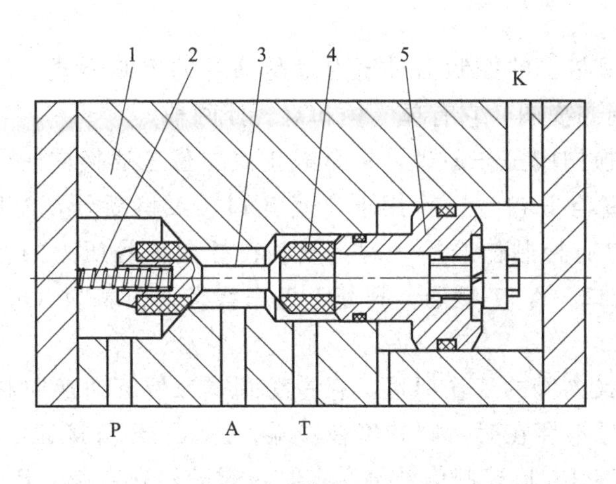

(a) 结构原理

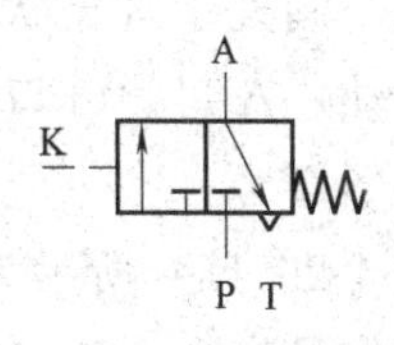

(b) 图形符号

图 4-22　截止式换向阀的结构原理及图形符号

1—阀体；2—弹簧；3—阀芯；4—密封材料；5—控制活塞

② 滑柱式换向阀　图 4-23 所示为滑柱式换向阀的工作原理，滑柱式换向阀是用圆柱状的阀芯在圆筒形阀套内沿轴向移动，从而切换气路的。图 4-23（a）所示为阀的初始状态，滑柱在弹簧力的作用下右移，此时压缩空气从输入口 P 流向输出口 A，A 口有输出，B 口无输出；图 4-23（b）为阀的工作状态，滑柱在操纵力作用下克服

弹簧力左移，关断P口和A口通路，接通P口和B口，于是B口有输出，A口无输出。

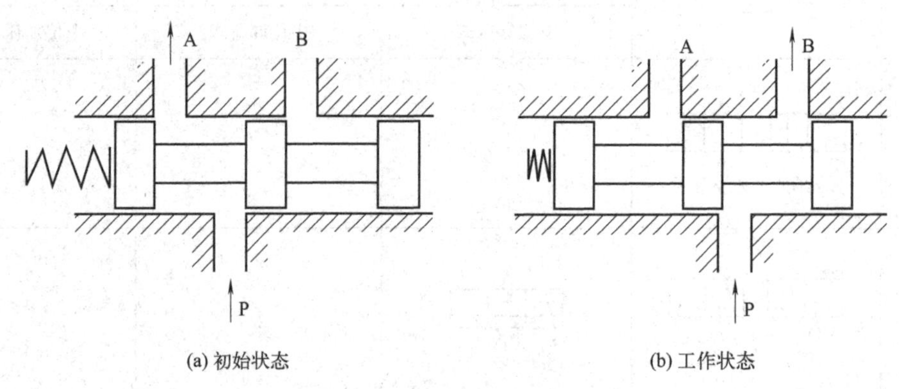

图 4-23　滑柱式换向阀的工作原理

滑柱式换向阀在结构上只要稍稍改变阀套或滑柱的尺寸和形状，就能实现二位四通阀和二位五通阀的功能。

(3) 几种典型的气动换向阀

① 气控换向阀　是利用气体压力使主阀芯和阀体发生相对运动而改变气体流向的元件。在易燃、易爆、潮湿、粉尘大、强磁场、高温等恶劣工作环境下，用气压力控制阀芯动作比用电磁力控制要安全可靠。气压控制可分为加压控制、泄压控制、差压控制、延时控制等方式。

a. 加压控制。这是指加在阀芯上的控制信号压力值是渐升的控制方式，当压力增加到阀芯的动作压力时，主阀芯换向。它有单气控和双气控两种。

图 4-24（a）所示为单气控换向阀工作原理，它是截止式二位三通换向阀。K口无控制信号输入时，阀芯在弹簧与P口气压作用下，使P口、A口断开，A口、O口接通，阀处于排气状态；K口有控制信号输入时，阀芯在控制信号压力的作用下向下运动，A口、O口断开，P口、A口 接通，阀处于工作状态。图 4-24（b）所示为其图形符号。

图 4-25（a）所示为双气控换向阀的工作原理，它是滑阀式二位五通换向阀。K_1口控制信号存在、K_2口控制信号不存在时，阀芯停在右端，P口、B口接通，A口、O_1口接通；K_2口控制信号存在、K_1口控制信号不存在时，阀芯停在左端，P口、A口接通，B口、O_2口接通。图 4-25（b）所示为其图形符号。

b. 泄压控制。这是指加在阀芯上的控制信号压力值是渐降的控制方式，当压力降至某一值时阀便被切换。泄压控制阀的切换性能不如加压控制阀好。

c. 差压控制。这是利用阀芯两端受气压作用的有效面积不等，在压力差的作用下，使阀芯动作而换向的控制方式。

图 4-26 所示为二位五通差压控制换向阀的图形符号。当K口无控制信号输入时，P口与A口相通，B口与O_2口相通；当K口有控制信号输入时，P口与B口相通，

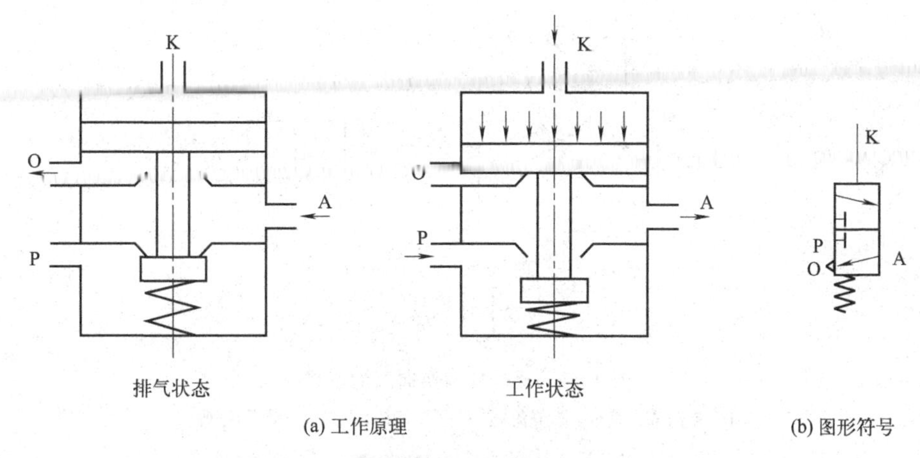

(a) 工作原理　　(b) 图形符号

图 4-24　单气控换向阀的工作原理及图形符号

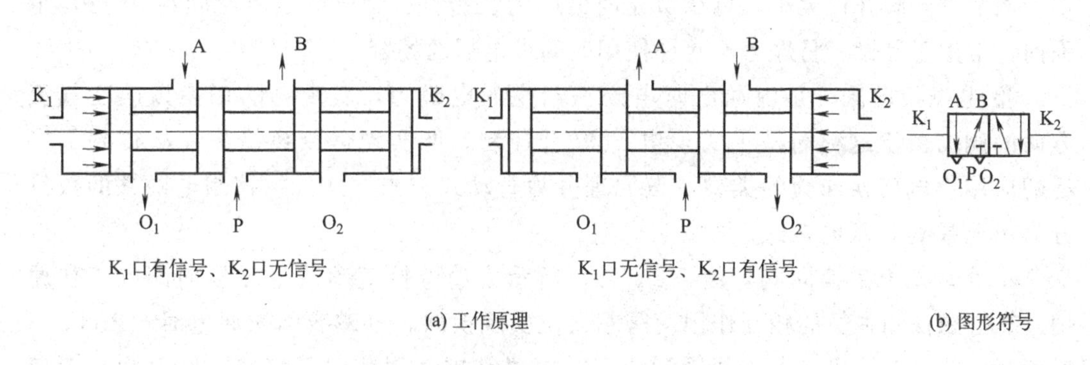

(a) 工作原理　　(b) 图形符号

图 4-25　双气控换向阀的工作原理及图形符号

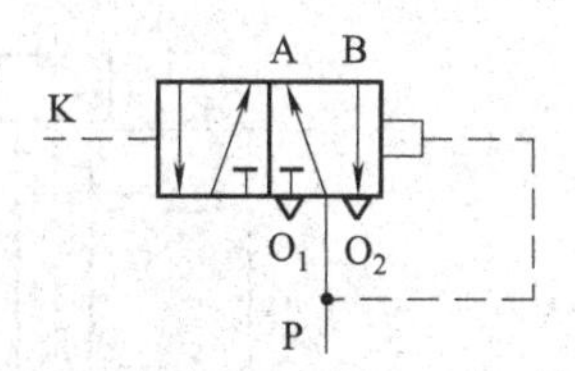

图 4-26　二位五通差压控制换向阀的图形符号

A 口与 O_1 口相通。差压控制的阀芯靠气压复位，不需要复位弹簧。

d. 延时控制。其工作原理是利用气流经过小孔或缝隙被节流后，再向气室内充气，经过一定的时间，当气室内压力升至一定值后，再推动阀芯动作而换向，从而达到信号延迟的目的。

图 4-27 所示为二位三通延时阀，它由延时和换向两部分组成。当 K 口无控制信号输入时，P 口与 A 口断开，A 口与 O 口相通，A 口排气；当 K 口有控制信号输入时，控制气流先经可调节流阀，再到气容。由于节流后的气体流量较小，气容中气体压力增长缓慢，经过一定时间后，当气容中气体压力上升到某一值时，阀芯换位，使

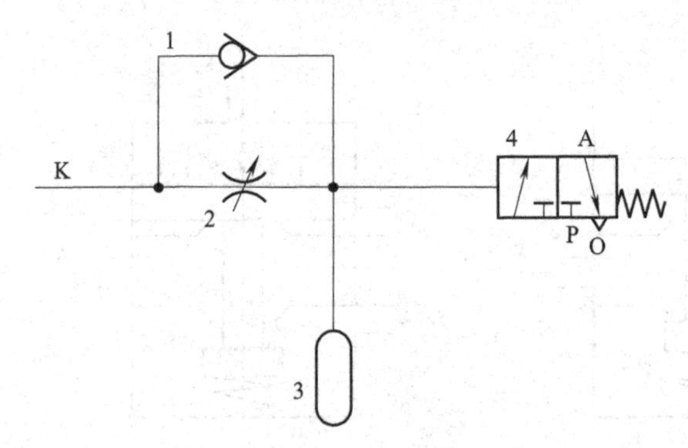

图 4-27　延时控制换向阀的组成

1—单向阀；2—可调节流阀；3—气容；4—二位三通换向阀

P 口与 A 口相通，A 口有输出。当气控信号消除后，气容中的气体经单向阀迅速排空。调节节流阀开口大小，可调节延时时间的长短。这种阀的延时时间在 0～20s 范围内，常用于易燃、易爆等不允许使用时间继电器的场合。

② 电磁换向阀　是由通电时电磁铁产生的电磁力，实现阀的切换以改变气流方向的阀。由于这种阀易于实现电-气联合控制，能实现远距离操作，故得到了广泛的应用。电磁换向阀的类型，按原理分为直动式和先导式，按控制电磁铁的数目分为单电控式和双电控式。

a. 直动式电磁换向阀。图 4-28（a）所示为单电控直动式电磁换向阀的工作原理，靠电磁铁和弹簧的相互作用使阀芯换位实现换向。电磁线圈未通电时，P 口、A 口断开，阀没有输出；电磁线圈通电时，电磁铁推动阀芯向下移动，使 P 口、A 口接通，阀有输出。图 4-28（b）所示为其图形符号。

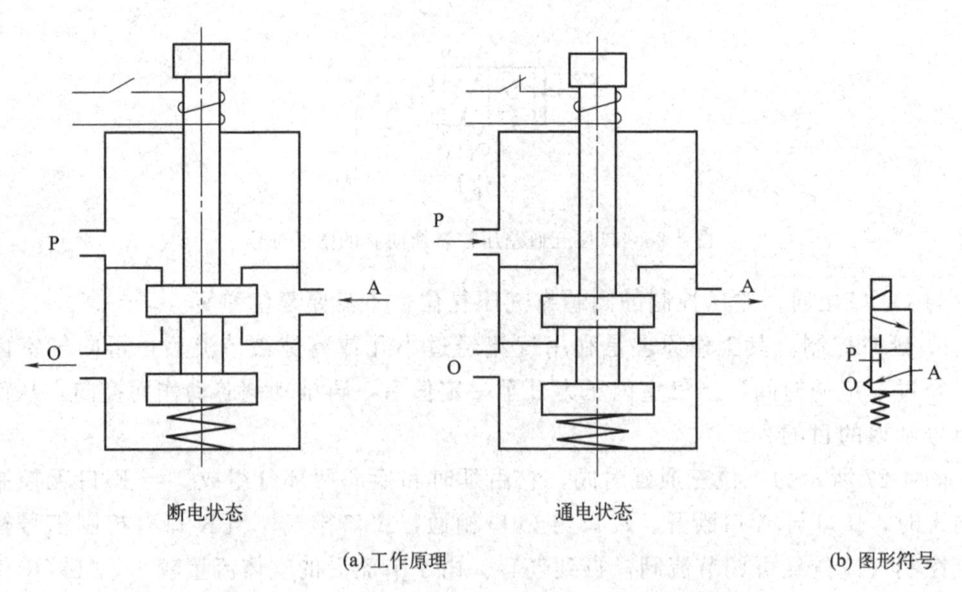

(a) 工作原理　(b) 图形符号

图 4-28　单电控直动式电磁换向阀的工作原理及图形符号

图 4-29（a）所示为双电控直动式电磁换向阀的工作原理，它是二位五通电磁换向阀。电磁铁 1 通电、电磁铁 2 断电时，阀芯 3 被推到右位，A 口有输出，B 口排气；若电磁铁 1 断电，阀芯位置不变，即具有记忆能力。电磁铁 2 通电、电磁铁 1 断电时，阀芯被推到左位，B 口有输出，A 口排气；若电磁铁 2 断电，空气通路不变。这种阀的两个电磁铁只能交替得电工作，不能同时得电，否则会产生误动作。图 4-29（b）所示为其图形符号。

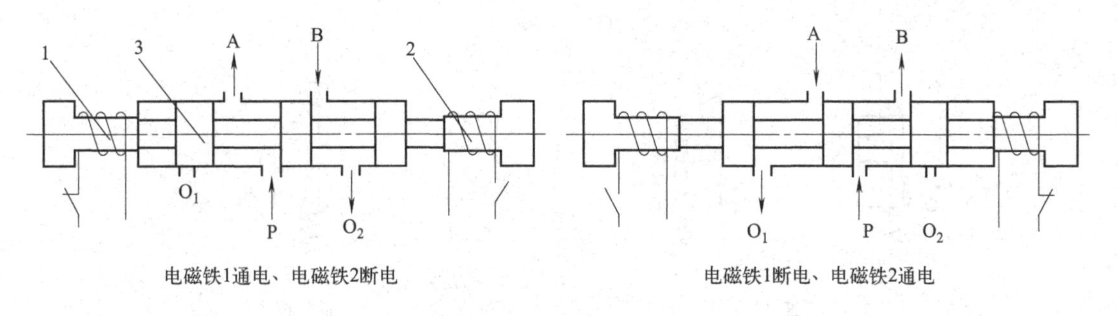

(a) 工作原理

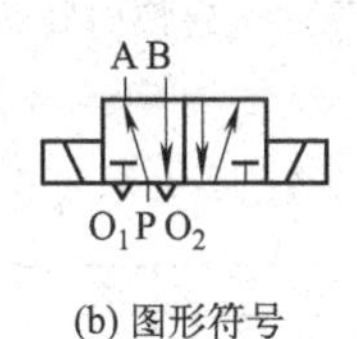

(b) 图形符号

图 4-29　双电控直动式电磁换向阀的工作原理及图形符号

1，2—电磁铁；3—阀芯

b. 先导式电磁换向阀。它由电磁先导阀和主阀两部分组成，电磁先导阀输出先导压力，此先导压力再推动主阀阀芯使阀换向。当阀的通径较大时，若采用直动式，则所需电磁铁要大，体积和电耗都大，为克服这些缺点，宜采用先导式电磁换向阀。先导式电磁换向阀按先导压力来源，有内部先导式和外部先导式之分。

图 4-30（a）所示为单电控外部先导式电磁换向阀的工作原理。当电磁先导阀的电磁线圈断电时，先导阀的 X 口、A_1 口断开，A_1 口、O_1 口接通，先导阀处于排气状态，此时主阀阀芯在弹簧和 P 口气压作用下向右移动，P 口、A 口断开，A 口、O 口接通，即主阀处于排气状态；当电磁先导阀电磁线圈通电后，先导阀的 X 口、A_1 口接通，先导阀处于进气状态，即主阀控制口 A_1 进气，由于 A_1 腔内气体作用于主阀阀芯上的力大于 P 口气体作用在主阀阀芯上的力与弹簧力之和，因此将主阀阀芯推向左边，使 P 口、A 口接通，即主阀处于进气状态。图 4-30（b）所示为其图形符号。

图 4-31（a）所示为双电控内部先导式电磁换向阀的工作原理。当电磁先导阀 1 通电而电磁先导阀 2 断电时，由于主阀 3 的 K_1 口进气，K_2 口排气，使主阀阀芯移到右边，此时 P 口、A 口接通，A 口有输出，B 口、O_2 口接通，B 口排气；当电磁先

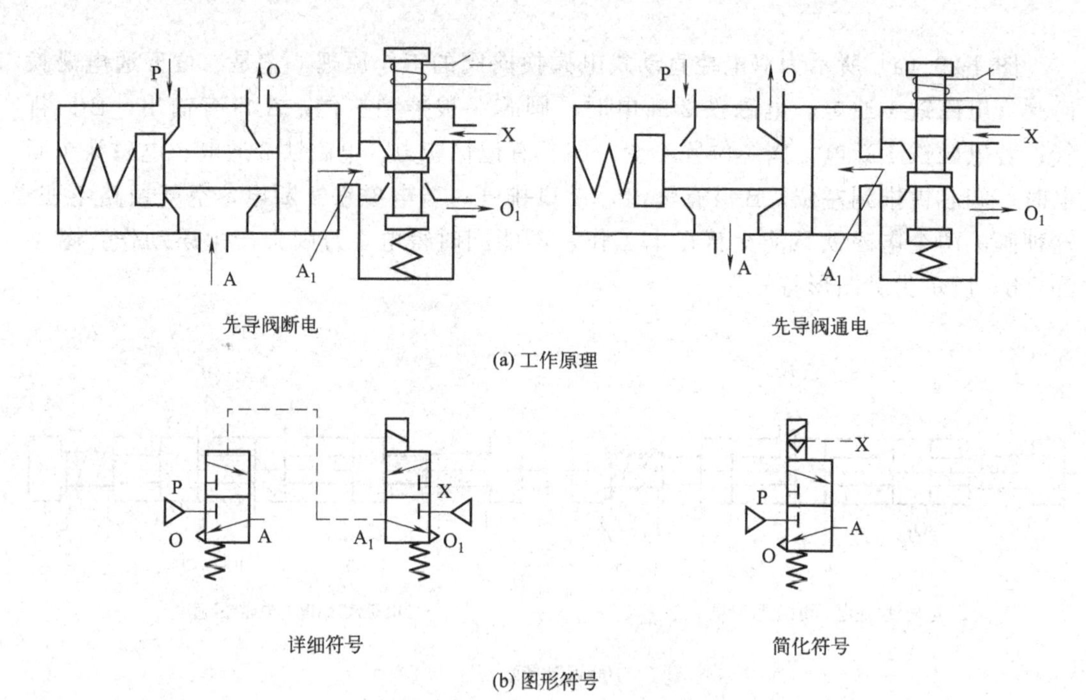

图 4-30 单电控外部先导式电磁换向阀的工作原理及图形符号

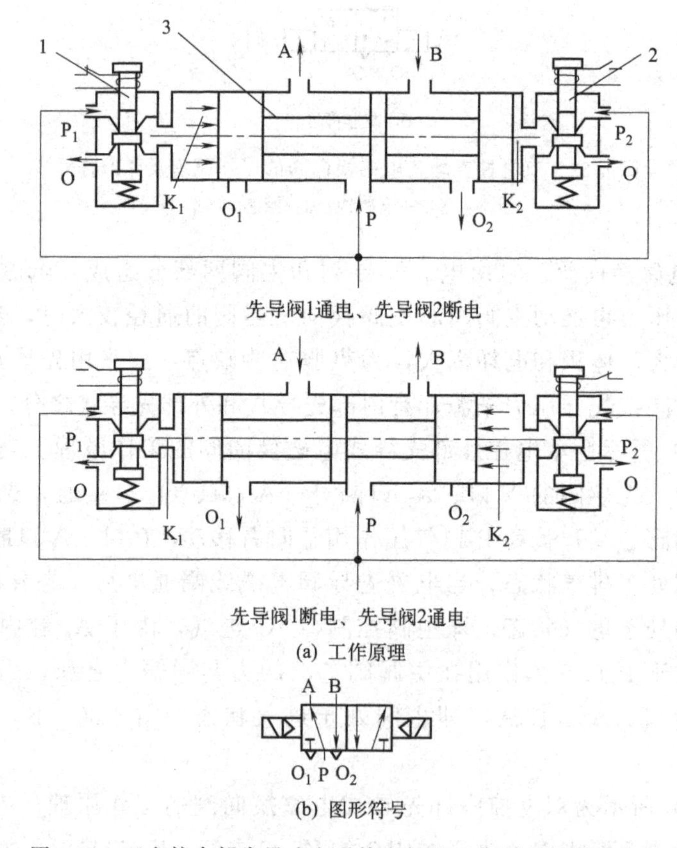

图 4-31 双电控内部先导式电磁换向阀的工作原理及图形符号

1,2—先导阀；3—主阀

导阀 2 通电而电磁先导阀 1 断电时，主阀 K_2 口进气，K_1 口排气，主阀阀芯移到左边，此时 P 口、B 口接通，B 口有输出，A 口、O_1 口接通，A 口排气。双电控换向阀具有记忆性，即通电时换向，断电时并不返回，可用单脉冲信号控制。为保证主阀正常工作，两个电磁先导阀不能同时通电，电路中要考虑互锁保护。图 4-31（b）所示为其图形符号。

直动式电磁阀是依靠电磁铁直接推动阀芯，实现阀通路的切换，其通径一般较小或采用间隙密封的结构形式。通径小的直动式电磁阀也常称作微型电磁阀，常用于小流量控制或作为先导式电磁阀的先导阀。先导式电磁阀是由先导阀输出的气压推动主阀阀芯，实现主阀通路的切换。通径大的电磁气动阀都采用先导式结构。

③ 人力控制换向阀　与采用其他控制方式的换向阀相比，人力控制换向阀使用频率较低、动作速度较慢，因操纵力不大，故阀的通径小、操作灵活，可按人的意志随时改变控制对象的状态，可实现远距离控制。人力控制换向阀在手动、半自动和自动控制系统中得到了广泛的应用。在手动气动系统中，一般直接操纵气动执行机构，在半自动和自动系统中多作为信号阀使用。人力控制换向阀的主体部分与气控换向阀类似，按其操纵方式可分为手动阀和脚踏阀两类。

a. 手动阀。其操纵力不宜太大，故常采用长手柄以减小操纵力，或者阀芯采用气压平衡结构，以减小气压作用面积。

手动阀的阀芯头部形式有多种，如图 4-32 所示。

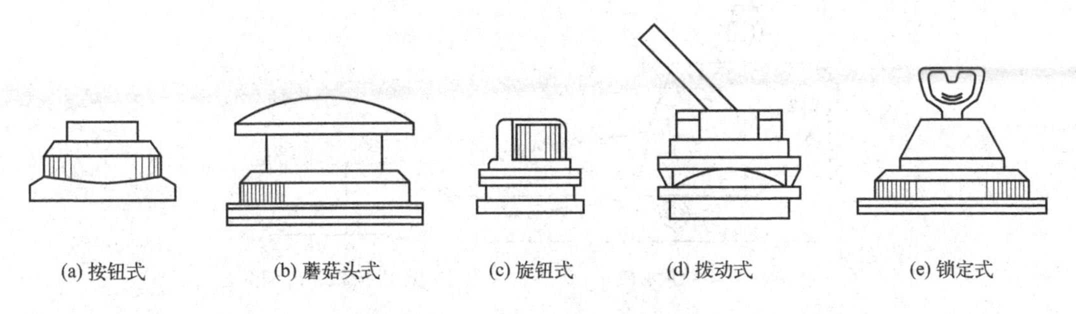

图 4-32　手动阀的阀芯头部形式

图 4-33（a）所示为推拉式手动阀的工作原理。用手拉起阀芯，则 P 口与 B 口相通，A 口与 O_1 口相通；若将阀芯压下，则 P 口与 A 口相通，B 口与 O_2 口相通。

旋钮式、锁定式等手动阀具有定位功能，即操纵力去除后能保持阀的工作状态不变。图形符号［图 4-33（b）］上有几个缺口便表示有几个定位位置。

手动阀除弹簧复位外，也有采用气压复位的，其优点是具有记忆性，即不加气压信号，阀能保持原位而不复位。

b. 脚踏阀。在半自动气控冲床上，由于操作者两只手需要装卸工件，为提高生产效率，用脚踏阀控制供气更为方便，特别是操作者坐着工作的冲床。

脚踏阀有单板脚踏阀和双板脚踏阀两种。单板脚踏阀是脚一踏下便进行切换，

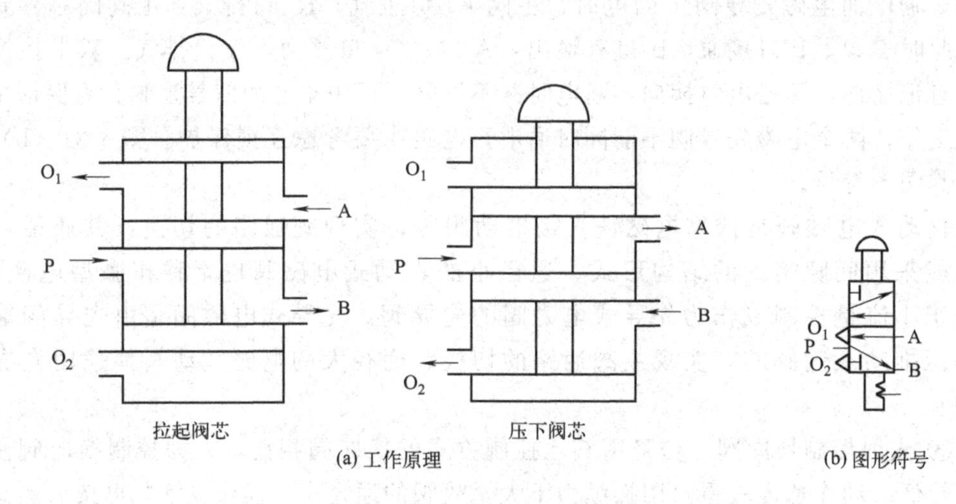

图 4-33 推拉式手动阀的工作原理及图形符号

脚一离开便恢复到原位，即只有两位式。双板脚踏阀有两位式和三位式之分：两位式的动作是踏下踏板后，脚离开，阀不复位，直到踏下另一踏板后，阀才复位；三位式有三个动作位置，脚没有踏下时，两边踏板处于水平位置，为中位状态，踏下任一边的踏板，阀被切换，待脚一离开又立即恢复到中位状态。

图 4-34 所示为脚踏阀的结构示意及头部控制图形符号。

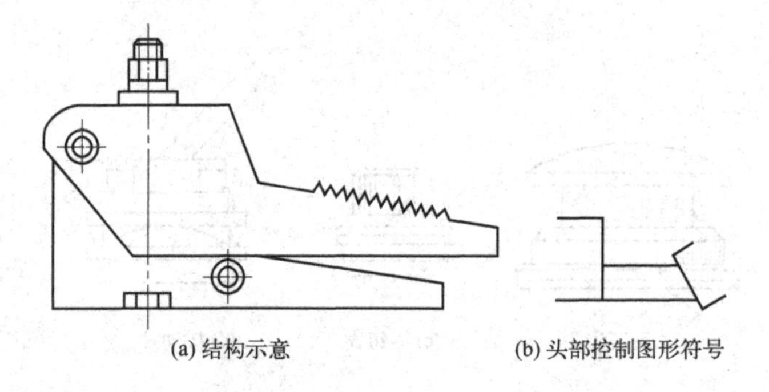

图 4-34 脚踏阀的结构示意及头部控制图形符号

④ 机械控制换向阀　是利用执行机构或其他机构的运动部件，借助凸轮、滚轮、杠杆和撞块等的机械外力推动阀芯，实现换向的阀。

图 4-35 所示为机械控制换向阀的阀芯头部形式。

直动圆头式阀由机械力直接推动阀芯的头部使阀切换。杠杆滚轮式阀可以减小阀芯所受的机械力。可通过滚轮杠杆式阀的头部滚轮是可折回的，当机械撞块正向运动时，阀芯被压下，阀换向，撞块经过滚轮，阀芯靠弹簧力返回，撞块返回时，头部滚轮折回，阀芯不动，阀不换向。弹簧触须式阀操纵力小，常用于计数发信号。

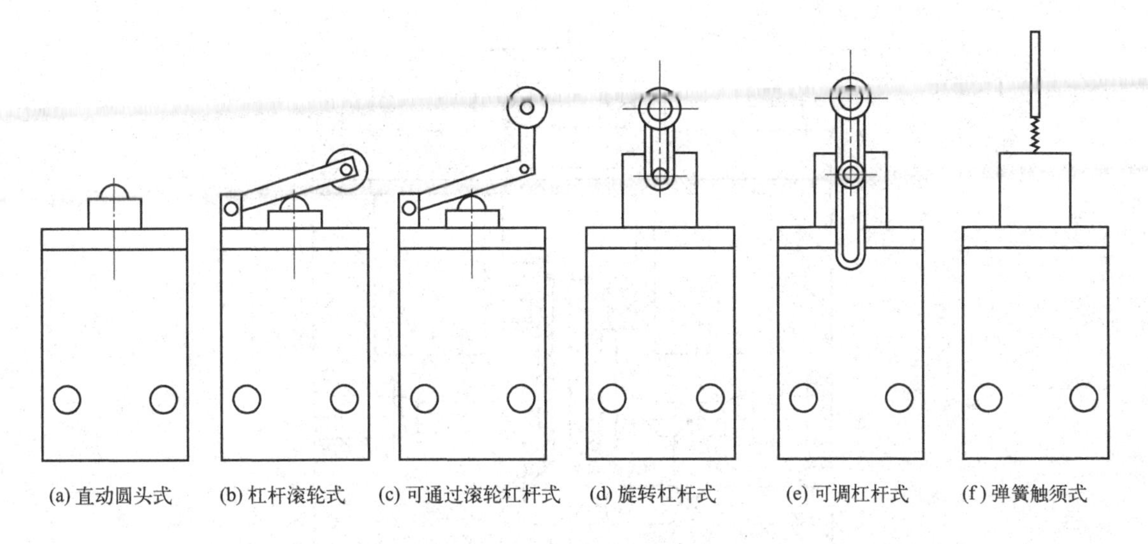

图 4-35 机械控制换向阀的阀芯头部形式

⑤ 脉冲阀 是靠气体流经气阻、气容的延时作用，使输入的压力长信号变为短暂的脉冲信号输出的阀。脉冲阀的工作原理如图 4-36 所示：图（a）为无信号输入的状态；图（b）为有信号输入的状态，此时滑柱向上，A 口有输出，同时从滑柱中间节流小孔不断向气室（气容）中充气；图（c）是当气室内的压力达到一定值时，滑柱向下，A 口与 O 口接通，A 口的输出状态结束。其结构如图 4-37 所示。

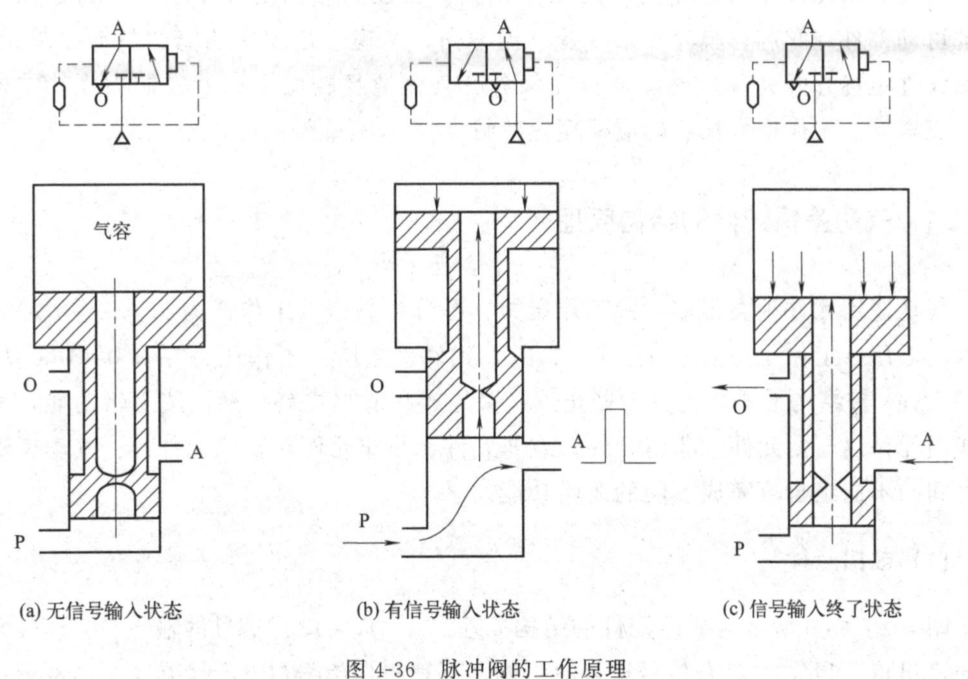

图 4-36 脉冲阀的工作原理

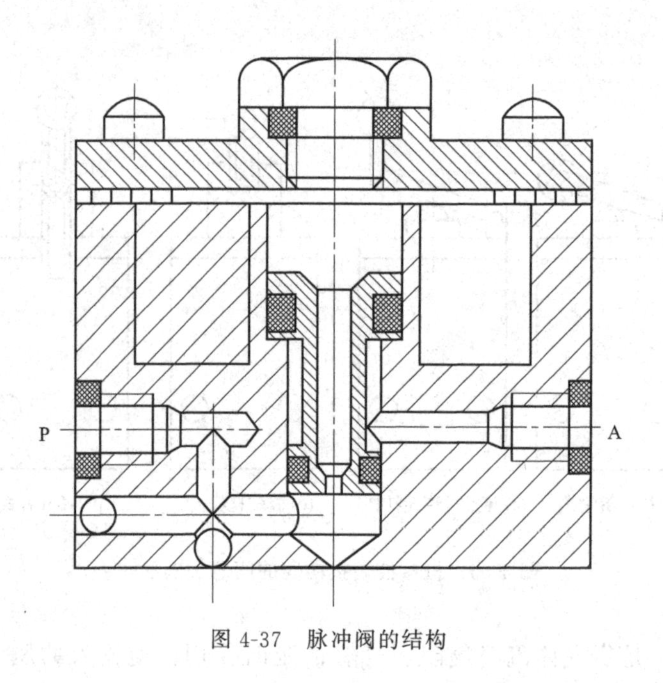

图 4-37 脉冲阀的结构

4.3 气动逻辑元件

气动逻辑元件是以压缩空气为工作介质，在控制气压信号作用下，通过元件内部的可动部件（阀芯、膜片）来改变气流方向，实现一定逻辑功能的气动控制元件。逻辑元件也称开关元件。气动逻辑元件具有气流通径较大、抗污染能力强、结构简单、成本低、工作寿命长、响应速度慢等特点。

4.3.1 气动逻辑元件的结构原理

气动逻辑元件种类很多，按工作压力，可分为高压（工作压力为 0.2～0.8MPa）元件、低压（工作压力为 0.02～0.2MPa）元件、微压（工作压力在 0.02MPa 以下）元件三种；按结构形式，可分为截止式、膜片式和滑阀式等几种；按逻辑功能，可分为或门元件、与门元件、非门元件、或非元件、与非元件和双稳元件等。气动逻辑元件之间的不同组合可完成不同的逻辑功能。

(1) 或门元件

图 4-38（a）所示为或门元件的结构原理。A、B 两口为信号的输入口，S 口为信号的输出口。当仅 A 口有信号输入时，阀芯下移封住信号口 B，气流经 S 口输出；当仅 B 口有信号输入时，阀芯上移封住信号口 A，S 口也有输出。A、B 两口中任何一

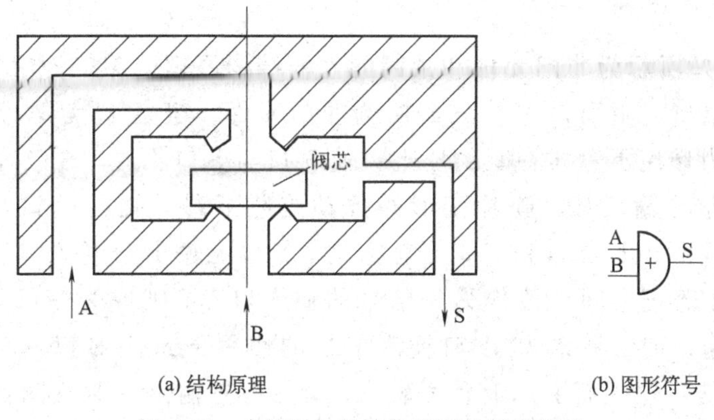

图 4-38 或门元件的结构原理及图形符号

个有信号输入或同时都有信号输入，就会使 S 口有输出。图 4-38（b）所示为其图形符号。

(2) 是门元件和与门元件

图 4-39（a）所示为是门元件和与门元件的结构原理。A 口为信号的输入口，S 口为信号的输出口，中间口 P 接气源时为是门元件。当 A 口无信号输入时，阀芯在弹簧弹力及气源压力作用下上移，封住输出口 S 与 P 口的通道，使输出口 S 与排气口相通，S 口无输出；反之，当 A 口有信号输入时，膜片在输入信号作用下变形使阀芯下移，封住输出口 S 与排气口的通道，P 口与 S 口相通，S 口有输出。即 A 口无信号输入时，则 S 口无信号输出；A 口有信号输入时，S 口就会有信号输出。元件的输入信号和输出信号之间始终保持相同的状态。若中间口不接气源而换为另一信号的输入口 B，则成为与门元件，即只有当 A、B 两口同时有信号输入时，S 口才能有输出。图 4-39（b）所示为其图形符号。

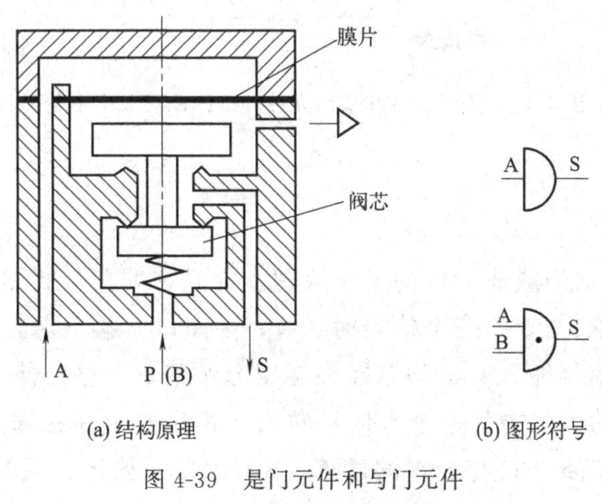

图 4-39 是门元件和与门元件的结构原理及图形符号

(3) 非门元件和禁门元件

图 4-40（a）所示为非门元件和禁门元件的结构原理。A 口为信号的输入口，S 口为信号的输出口，中间口 P 接气源时为非门元件。当 A 口无信号输入时，阀芯在 P 口气源压力作用下紧压在上阀座上，使 P 口与 S 口相通，S 口有信号输出；反之，当 A 口有信号输入时，膜片变形并推动阀芯下移，关断 P 口与 S 口的通道，则 S 口无信号输出。即当 A 口有信号输入时，S 口无输出；当 A 口无信号输入时，则 S 口有输出。若把中间口改作另一信号的输入口 B，则成为禁门元件。当 A、B 两口均有信号输入时，阀芯在 A 口输入信号的作用下封住 B 口，S 口无输出；反之，在 A 口无信号输入而 B 口有信号输入时，S 口有输出。即 A 口的输入信号对 B 口的输入信号起“禁止”作用。图 4-40（b）所示为其图形符号。

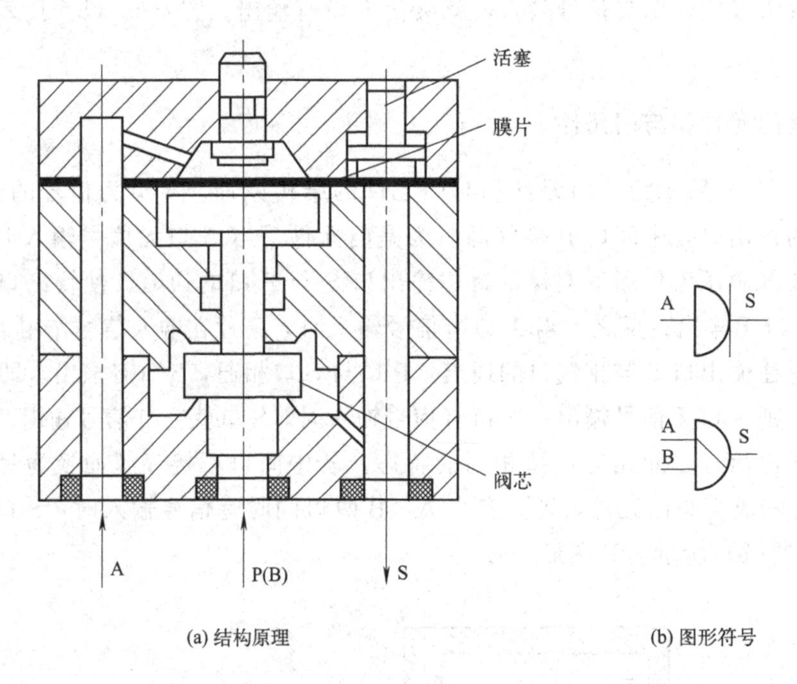

图 4-40　非门元件和禁门元件的结构原理及图形符号

(4) 或非元件

图 4-41（a）所示为或非元件的工作原理。它是在非门元件的基础上增加两个信号输入口，即具有 A、B、C 三个信号输入口，中间口 P 接气源，S 口为信号输出口。当三个输入口均无信号输入时，阀芯在气源压力作用下上移，使 P 口与 S 口接通，S 口有输出。当三个输入口中任一个有信号输入，相应的膜片在输入信号压力作用下，都会使阀芯下移，切断 P 口与 S 口的通道，S 口无信号输出。或非元件是一种多功能逻辑元件。图 4-41（b）所示为其图形符号。

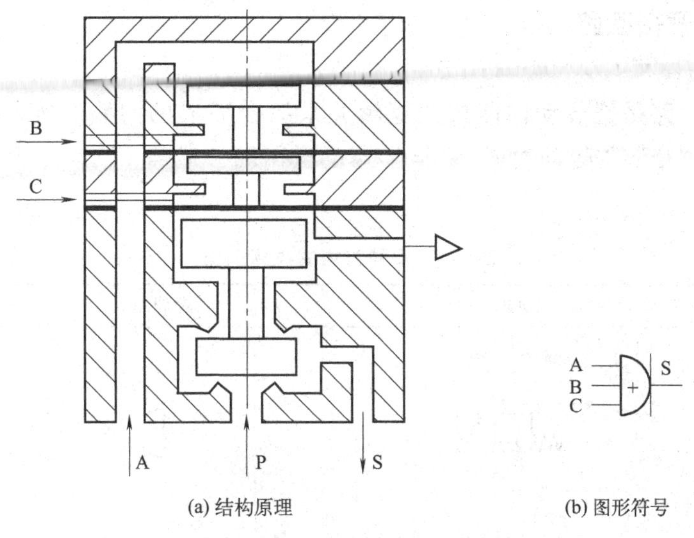

(a) 结构原理　　(b) 图形符号

图 4-41　或非元件的结构原理及图形符号

(5) 双稳元件

双稳元件具有记忆功能，在逻辑回路中起着重要作用。图 4-42（a）所示为双稳元件的工作原理。双稳元件有两个控制口 A、B，有两个工作口 S_1、S_2。当 A 口有控制信号输入时，阀芯带动滑块向右移动，接通 P 口与 S_1 口，S_1 口有输出，而 S_2 口与排气口相通，此时双稳元件处于置“1”状态，在 B 口控制信号到来之前，虽然 A 口信号消失，但阀芯仍保持在右端位置，故使 S_1 口总有输出；当 B 口有控制信号输入时，阀芯带动滑块向左移动，接通 P 口与 S_2 口，S_2 口有输出，而 S_1 口与排气口相通，此时双稳元件处于置“0”状态，在 B 口信号消失，而 A 口信号到来之前，阀芯仍会保持在左端位置。因此，双稳元件具有记忆功能。在使用中应避免向双稳元件的两个输入口同时输入信号，否则双稳元件将处于不确定的工作状态。图 4-42（b）所示为其图形符号。

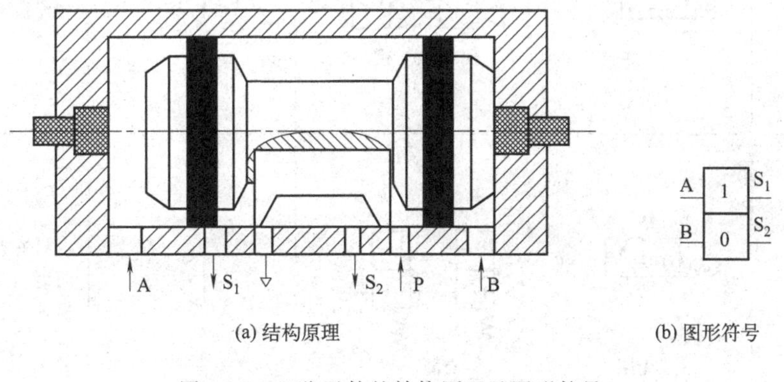

(a) 结构原理　　(b) 图形符号

图 4-42　双稳元件的结构原理及图形符号

4.3.2 气动逻辑回路

气动逻辑回路是把气动回路按照逻辑关系组合而成的回路。按照逻辑关系可把气压信号组成“是”“或”“与”“非”等逻辑回路。表 4-4 列出了几种常用的逻辑回路。

表 4-4 几种常用的逻辑回路

名称	逻辑回路图	逻辑符号	动作说明
是回路	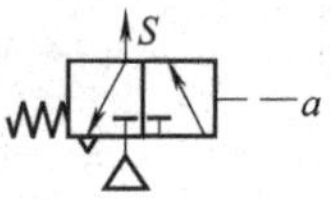 S a	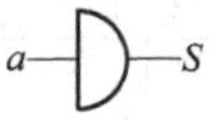 a S	有信号 a 则有输出 S，无信号 a 则无输出 S
非回路	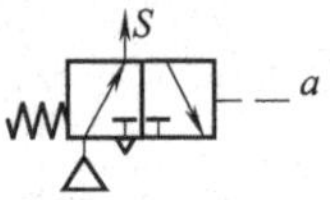 S a	 a S	有信号 a 则无输出 S，无信号 a 则有输出 S
或回路	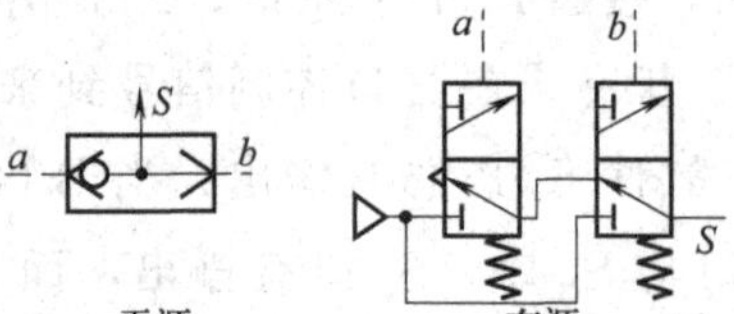 a S b 无源；a b S 有源	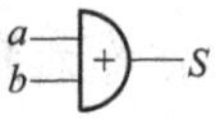 a b + S	有 a 或 b 任一信号，就有输出 S
或非回路	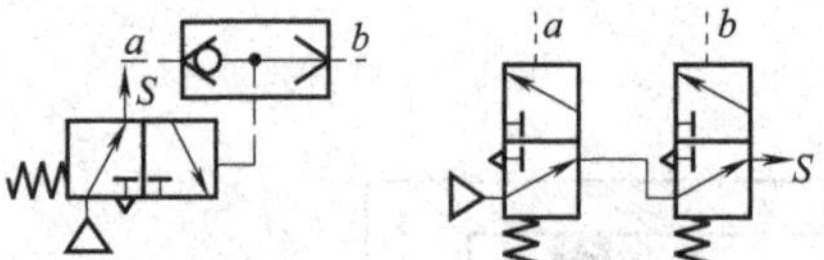 a b S 无源；a b S 有源	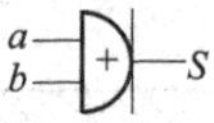 a b + S	有 a 或 b 任一信号，就无输出 S
与回路	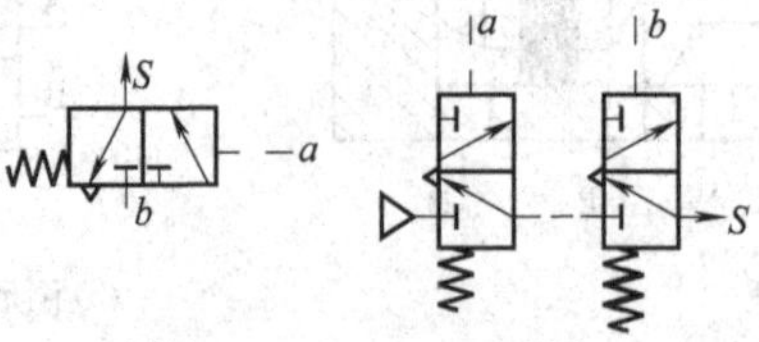 S a b 无源；a b S 有源	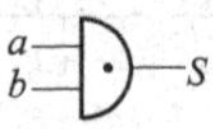 a b · S	只有当信号 a 或 b 同时存在时，才有输出 S

续表

名称	逻辑回路图	逻辑符号	动作说明
与非回路	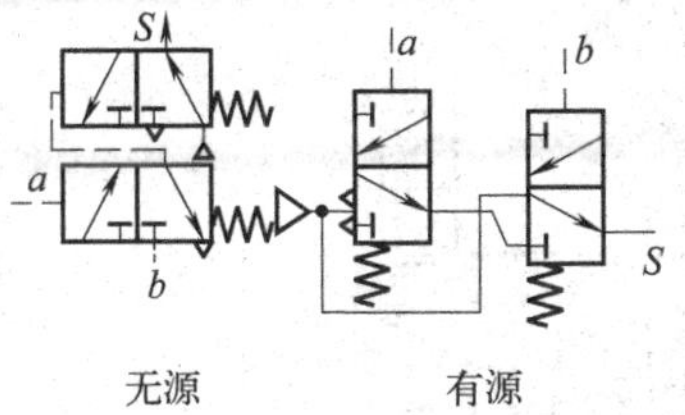 无源　有源	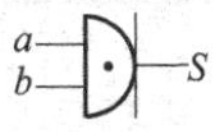	只有当信号 a 或 b 同时存在时，才无输出 S
禁回路	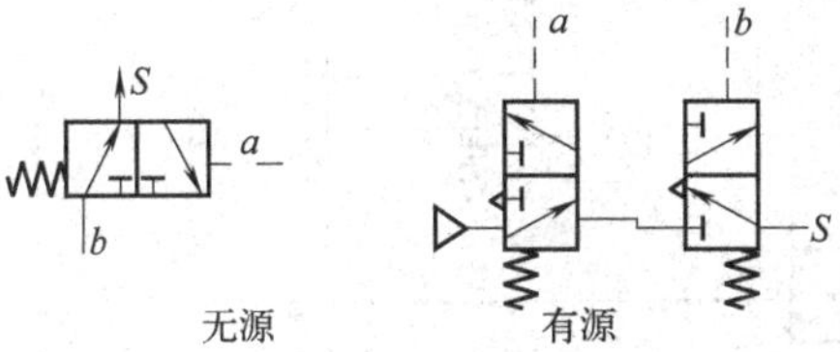 无源　有源	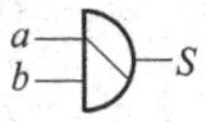	有信号 a 时，无输出 S（a 禁止了 S）；当无信号 a 而有信号 b 时，才有输出 S
记忆回路	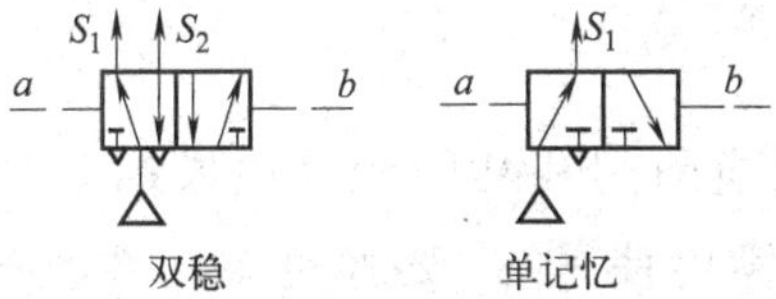 双稳　单记忆	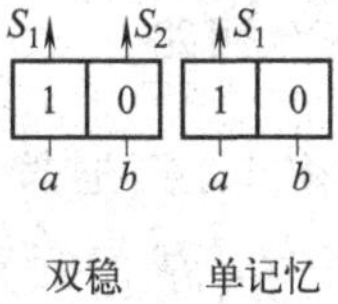 双稳　单记忆	有信号 a 时，有输出 S_1，a 消失，仍有输出 S_1，直到有信号 b 时，才无输出 S_1，有输出 S_2。a、b 不能同时加入
延时回路	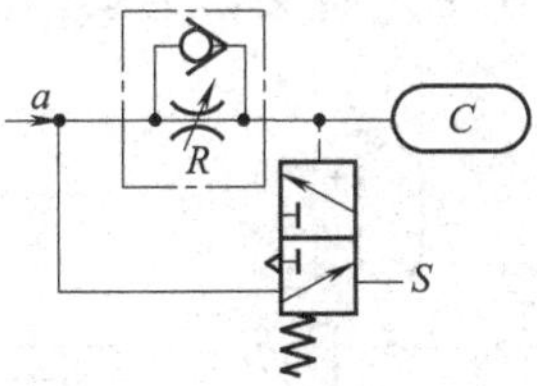	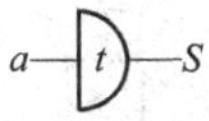	当有信号 a 时，需延时 t 时间后才有输出 S，调节气阻 R（节流阀）和气容 C 可调节 t。回路要求 a 的持续时间大于 t

4.3.3 气动逻辑元件的应用举例

(1) 或门元件控制回路

图 4-43 所示为采用梭阀作或门元件的控制回路。当信号 a 及 b 均未输入时（图示状态），气缸处于原始位置。当有信号 a 或 b 输入时，梭阀有输出 S，使二位四通阀克服弹簧力切换至上方位置，压缩空气即通过二位四通阀进入气缸下腔，活塞上

移。当信号 a 或 b 解除后，二位三通阀在弹簧作用下复位，无输出 S，二位四通阀也在弹簧作用下复位，压缩空气进入气缸上腔，使气缸复位。

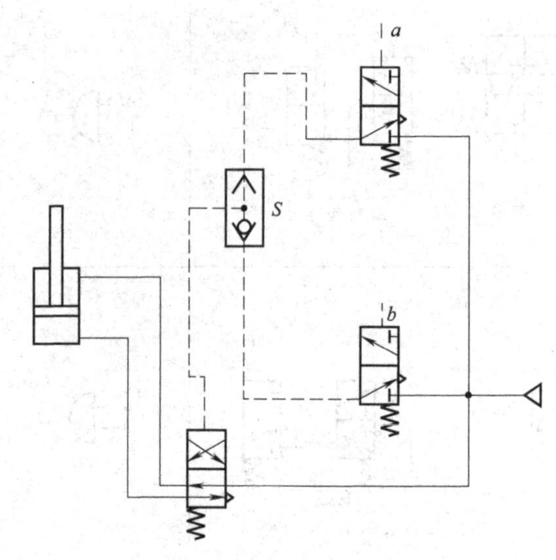

图 4-43　或门元件控制回路

(2) 禁门元件安全回路

图 4-44 所示为用二位三通按钮式换向阀和禁门元件组成的双手操作安全回路。当两个按钮同时按下时，或门元件的输出信号 S_1 要经过单向节流阀 3 进入气容 4，经一定时间的延时后才能经禁门元件 5 输出，而与门元件的输出信号 S_2 直接输入禁门元件 6，因此 S_2 比 S_1 早到达禁门元件 6，禁门元件 6 有输出信号 S_4，输出信号 S_4 一方面推动主控阀 8 换向使气缸 7 前进，另一方面又作为禁门元件 5 的一个输入信

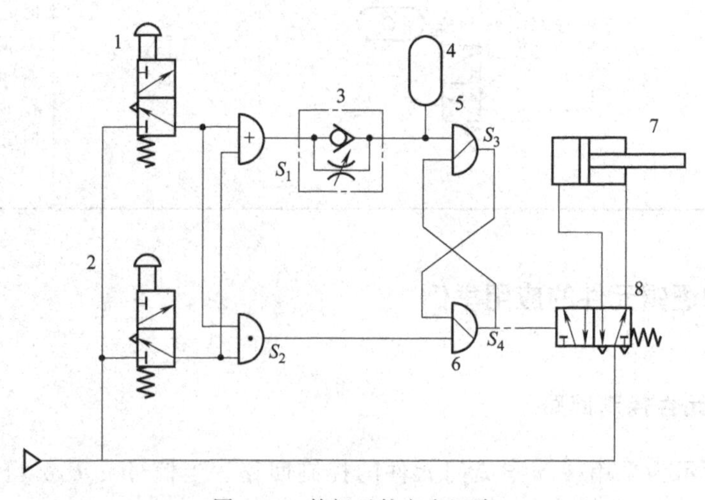

图 4-44　禁门元件安全回路

1,2—按钮式换向阀；3—单向节流阀；4—气容；5,6—禁门元件；7—气缸；8—主控阀

号，由于此信号比 S_1 早到达禁门元件 5，故禁门元件 5 无输出。如果先按阀 1 按钮，后按阀 2 按钮，且按下的时间间隔大于回路中延时时间，那么或门元件的输出信号 S_1 先到达禁门元件 5，禁门元件 5 有输出信号 S_3，而输出信号 S_3 是作为禁门元件 6 的一个输入信号的，由于 S_3 比 S_2 早到达禁门元件 6，故禁门元件 6 无输出，主控阀不能换向，气缸 7 不能动作。若先按下阀 2 按钮，后按下阀 1 按钮，则其效果与同时按下两个阀按钮的效果相同。若只按下其中任一个阀按钮，则主控阀 8 均不能换向。

第5章

真空元件

以真空吸附为动力源，并配以相应真空元件所组成的真空系统，已广泛用于电子、汽车、轻工、食品、印刷、医疗等众多领域。例如，真空包装机械中包装纸的吸附、送标、贴标以及包装袋的开启，印刷机械中的检测、印刷纸张的运输，机器人抓取重物、搬运和装配等。对任何具有较光滑表面的物体，特别对于非金属且不适合夹紧的物体，如薄的柔软的纸张、塑料膜、铝箔以及易碎的玻璃等都可使用真空吸附来完成各种作业。在真空压力下工作的元件统称真空元件。真空元件包括真空发生装置、真空执行机构、真空阀和真空辅件。

5.1 真空发生装置

真空发生装置有真空泵和真空发生器两种。真空泵用于需要大规模持续真空的场合，真空发生器适用于间歇工作、真空抽吸流量较小的情况。

5.1.1 真空泵

在结构原理上，真空泵同空压机完全相同，主要区别是怎样接入气动系统。空压机是排气口接系统，而真空泵是排气口直接通大气，吸气口接入气动系统并形成负压，真空泵是真空系统的能源元件。

图 5-1（a）所示为用真空泵产生连续负压，由两个二位二通电磁换向阀 6、7 控制真空吸盘 1 的真空回路。阀 7 通电、阀 6 断电时，真空泵 5 产生的真空使吸盘 1 将工件吸起；阀 7 断电、阀 6 通电时，压缩空气进入吸盘，真空被破坏，空气吹力使吸盘与工件脱离。图 5-1（b）所示为用真空泵产生连续负压，由一个二位三通电磁换向阀 10 控制真空吸盘 1 的真空回路。阀 10 断电时，真空泵 5 产生真空，工件被吸盘 1 吸起；阀 10 通电时，压缩空气使工件脱离吸盘。

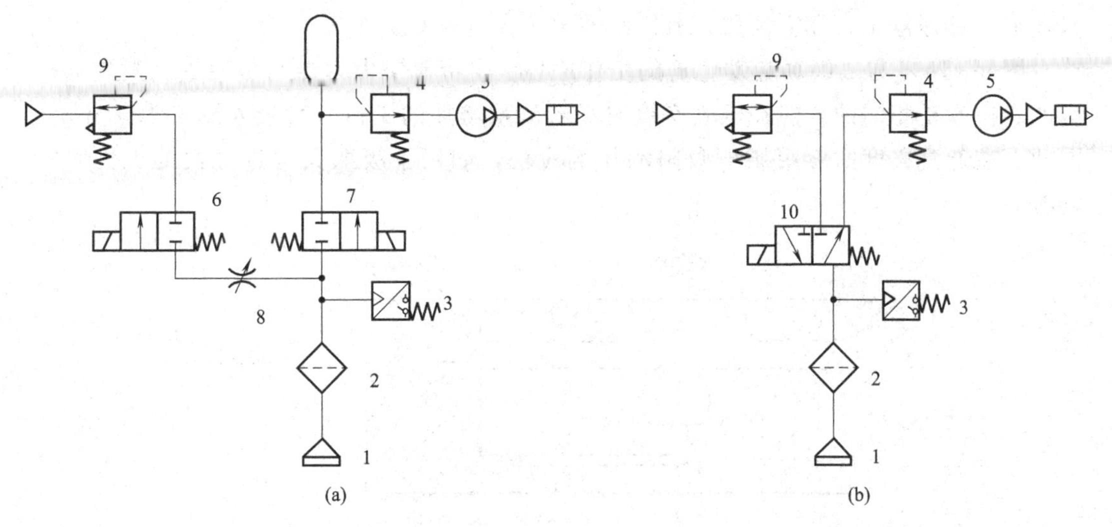

图 5-1 采用真空泵的真空回路

1—吸盘；2—真空过滤器；3—压力开关；4—真空减压阀；5—真空泵；6,7—二位二通电磁换向阀；8—节流阀；9—减压阀；10—二位三通电磁换向阀

5.1.2 真空发生器

真空发生器是利用空气或水喷射出的气流或水流的流体动能，从一定容积中（如吸盘）抽吸出空气，使其建立真空（负压）的气动元件。

(1) 结构原理

普通真空发生器（单级真空发生器）如图 5-2（a）所示，压缩空气从真空发生器

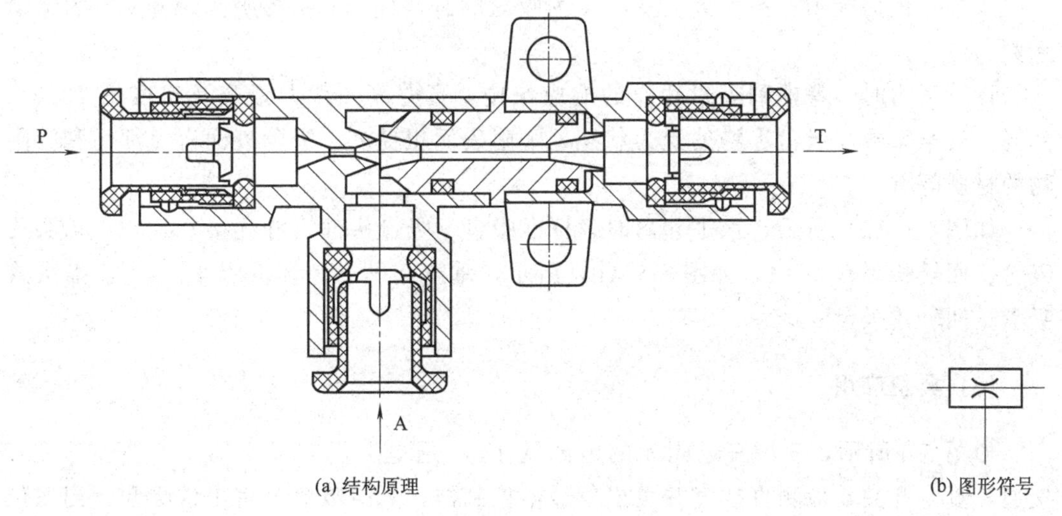

(a) 结构原理　(b) 图形符号

图 5-2 普通真空发生器的结构原理及图形符号

的供气口P经喷嘴流向排气口T时，在真空口A产生真空。当P口无压缩空气输入时，抽吸过程停止，真空消失。其图形符号如图5-2（b）所示。

图5-3所示为二级真空发生器的工作原理。二级真空发生器与单级真空发生器产生的真空度是相同的，但在低真空度时吸入流量增加约1倍，其吸入流量为q_1+q_2。因此，在低真空度的应用场合吸附动作响应快，如用于吸取具有透气性的工件时特别有效。

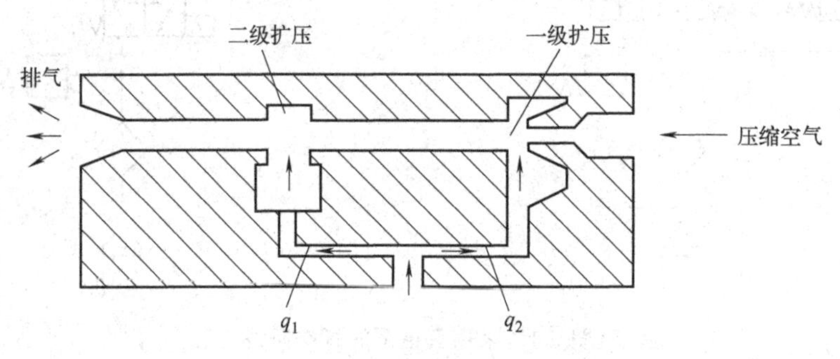

图5-3　二级真空发生器的工作原理

真空发生器的结构简单，无可动机械部件，故使用寿命长。为了获得较高的真空度或较大的吸入流量，真空发生器的供给压力宜处于0.25～0.6MPa范围内，最佳使用范围为0.40～0.45MPa。

(2) 吸力计算

真空发生器的吸力可按下式计算：

$$F=\frac{pAn}{\alpha}$$

式中，F为吸力；p为真空度；A为吸盘的有效面积；n为吸盘数量；α为安全系数。

计算吸力时，考虑到吸附动作的响应快慢，真空度一般取最高真空度的70%～80%。安全系数与吸盘吸物的受力状态、吸附表面粗糙度、吸附表面有无油污和吸附物的材质等有关。

如图5-4（a）所示，水平起吊时，标准吸盘（吸盘头部直杆连接）$\alpha \geqslant 2$，摇头式吸盘、回转式吸盘$\alpha \geqslant 4$；如图5-4（b）所示，垂直起吊时，标准吸盘$\alpha \geqslant 4$，摇头式吸盘、回转式吸盘$\alpha \geqslant 8$。

(3) 典型应用

如图5-5所示，三位三通阀4的电磁铁1YA通电，真空发生器1与真空吸盘7接通，真空开关6检测真空度并发出信号给控制器，真空吸盘7将工件吸起，当三位三通阀不通电时，真空吸着状态能够持续；三位三通阀4的电磁铁2YA通电，压缩

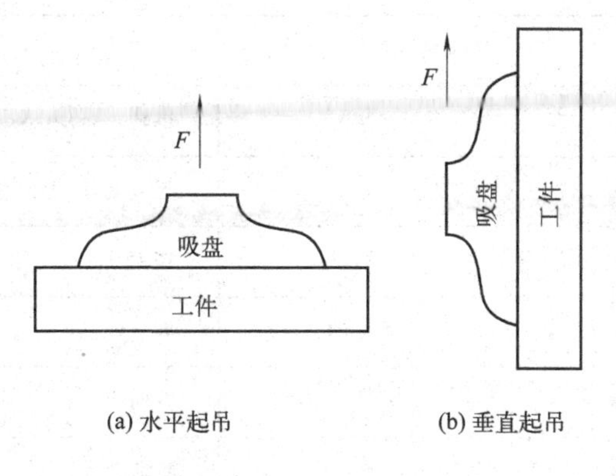

图 5-4　水平起吊和垂直起吊

空气进入真空吸盘，真空被破坏，空气吹力使吸盘与工件脱离，吹力的大小由减压阀 2 设定。采用此回路时应注意配管的泄漏和工件吸着面处的泄漏。

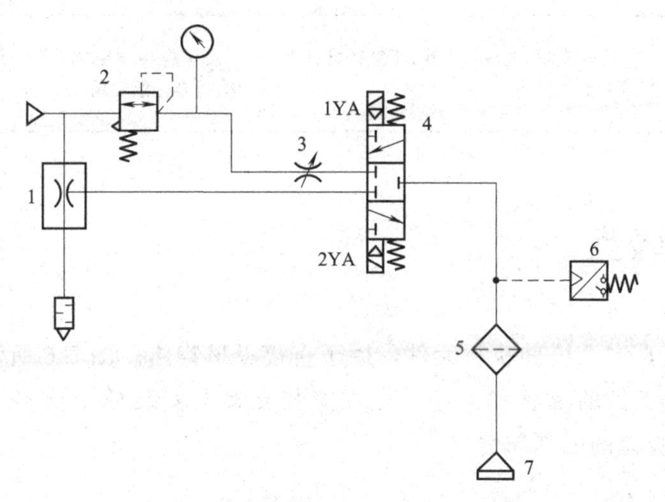

图 5-5　采用真空发生器的真空回路

1—真空发生器；2—减压阀；3—节流阀；4—三位三通阀；5—过滤器；6—真空开关；7—真空吸盘

表 5-1 给出了真空泵与真空发生器的特点及其应用场合，以便选用。

表 5-1　真空泵与真空发生器的比较

项目	真空泵	真空发生器
最大真空度	可达 101.3kPa	可达 88kPa
吸入量	可以很大	不大
结构	复杂	简单
体积	大	很小

续表

项目	真空泵	真空发生器
重量	重	很轻
寿命	有可动件，寿命较长	无可动件，寿命长
消耗功率	较大	较大
价格	高	低
安装	不便	方便
维护	需要	不需要
与配套件复合化	困难	容易
真空的产生和解除	慢	快
真空压力脉动	有脉动，需设真空罐	无脉动，不需设真空罐
应用场合	适合连续、大流量工作，不宜频繁启停，适合集中使用	需供应压缩空气，宜用于流量不大的间歇工作，适合分散使用

5.2 真空吸盘

真空吸盘是真空系统的执行元件，用于直接吸吊物体。图 5-6 所示为真空吸盘的典型结构。根据工件的形状和大小，可在安装支架上安装单个或多个真空吸盘。图 5-7 所示为真空吸盘的图形符号。

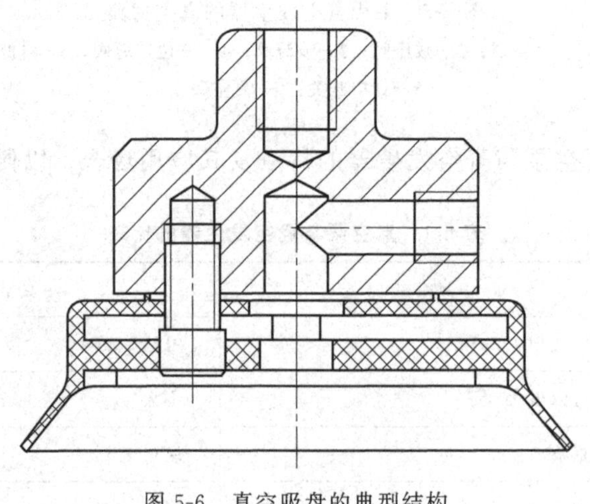

图 5-6 真空吸盘的典型结构

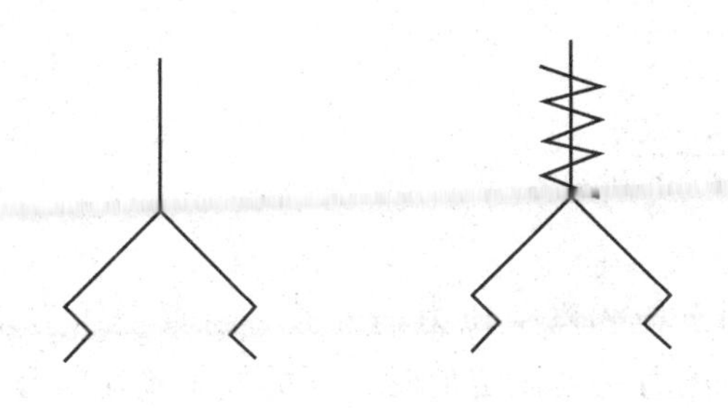

(a) 通用真空吸盘符号　　(b) 带缓冲真空吸盘符号

图 5-7　真空吸盘的图形符号

5.3 真空控制阀

(1) 减压阀

压力管路中的减压阀使用一般减压阀，真空管路中的减压阀应使用真空减压阀。旋转真空减压阀的手轮调节其内部弹簧的弹力，使输出口与真空口接通的同时，即设定了需要的真空度，输出口的真空压力通过反馈孔作用于膜片，当输出口真空度变化时，可自动调节膜片位置，控制给气孔的开闭，从而保证真空度处于调定值。

(2) 换向阀

真空回路中使用的换向阀，有真空破坏阀、真空切换阀和真空选择阀等。

真空破坏阀是破坏吸盘内的真空状态以使工件脱离吸盘的阀；真空切换阀是接通或断开真空源的阀；真空选择阀可控制吸盘对工件的吸着或脱离，一个阀具有两个功能，可简化回路设计。

真空破坏阀、真空切换阀和真空选择阀必须选用能在真空条件下工作的换向阀，要求不泄漏，且不用油雾润滑，故使用截止式和膜片式阀芯结构比较理想，通径大时可使用外部先导式电磁阀。

真空破坏阀和真空切换阀一般使用二位二通阀，真空选择阀一般使用二位三通阀，使用三位三通阀可节省能量并减少噪声，控制双作用真空气缸常使用二位五通阀。

(3) 节流阀

真空系统中的节流阀用于控制真空破坏的快慢，节流阀的出口压力不得高于0.5MPa，以保护真空压力开关和抽吸过滤器。

(4) 单向阀

单向阀的作用：一是当供给阀停止供气时，保持吸盘内的真空压力不变，可节省能量；二是一旦停电，可延缓被吸吊工件脱落的时间，以便采取安全措施。一般应选用通流能力大、开启压力低（0.01MPa）的单向阀。

5.4 真空压力开关

真空压力开关是用于检测真空压力的开关。当真空压力未达到设定值时，开关处于断开状态；当真空压力达到设定值时，开关处于接通状态，发出电信号，指挥真空吸附机构动作。一般使用的真空压力开关有以下用途：真空系统的真空度控制；有无工件的确认；工件吸着确认；工件脱离确认。

真空压力开关按功能分，有通用型和小孔口吸着确认型（图 5-8、图 5-9）；按电触点的形式分，有无触点式（电子式）和有触点式（磁性舌簧开关式等）。一般使用的压力开关，应具有较高的开关频率，即响应速度要快。

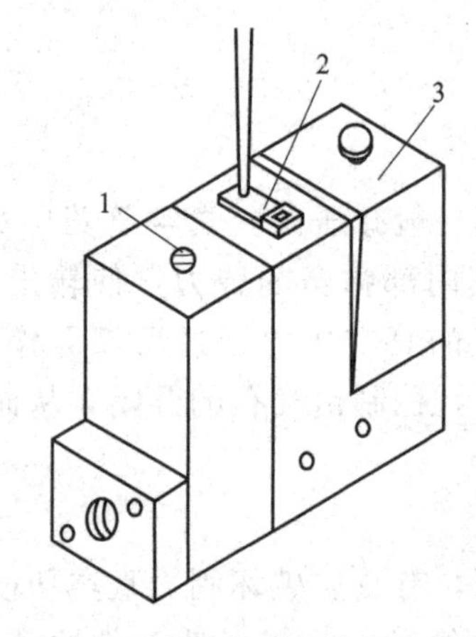

图 5-8　小孔口吸着确认型真空压力开关的外形

1—可调针阀；2—指示灯；3—抽吸过滤器

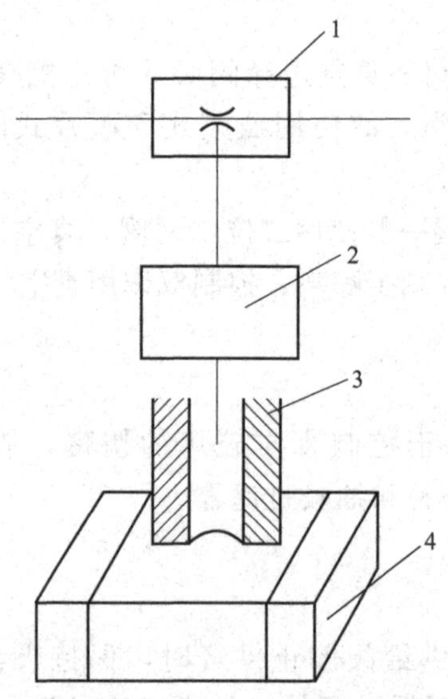

图 5-9　小孔口吸着确认型真空压力开关与吸着孔口的连接方式

1—真空发生器；2—吸着确认开关；3—吸着小孔口；4—小工件

图 5-10 所示为小孔口吸着确认型真空压力开关的工作原理。S_4 为吸着小孔口的有效截面积；S_2 为可调针阀的有效截面积；S_1 和 S_3 分别为开关内部的孔径，$S_1=S_3$。

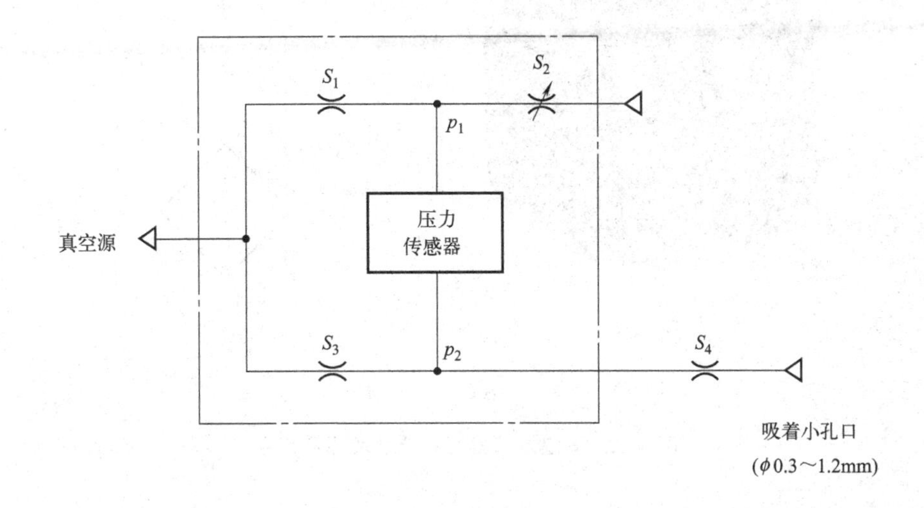

图 5-10 小孔口吸着确认型真空压力开关的工作原理

未吸着工件时，S_4 较大。调节针阀，即改变 S_2 的大小，使压力传感器两端的压力平衡，即 $p_1=p_2$；吸着工件时，$S_4=0$，出现压力差（p_1-p_2），可被压力传感器检测出来。

5.5 其他真空元件

(1) 真空过滤器

真空过滤器是将从大气中吸入的污染物（主要是尘埃）收集起来，以防止真空系统中的元件受污染而出现故障。真空吸盘与真空发生器（或真空阀）之间，应设置真空过滤器。真空发生器的排气口、真空阀的吸气口（或排气口）和真空泵的排气口应装上消声器，这不仅能降低噪声，而且能起过滤作用，以提高真空系统工作的可靠性。图 5-11 所示为真空过滤器实物外形及图形符号。

对真空过滤器的要求是：滤芯污染程度的确认简单，清除污染物容易，结构紧凑，不会使真空到达时间增长。

真空过滤器有箱式和管式两种：前者便于集成化，滤芯呈叠褶形状，故过滤面积大，可通过流量大，使用周期长；后者若使用万向接头，配管可在 360°范围内自由

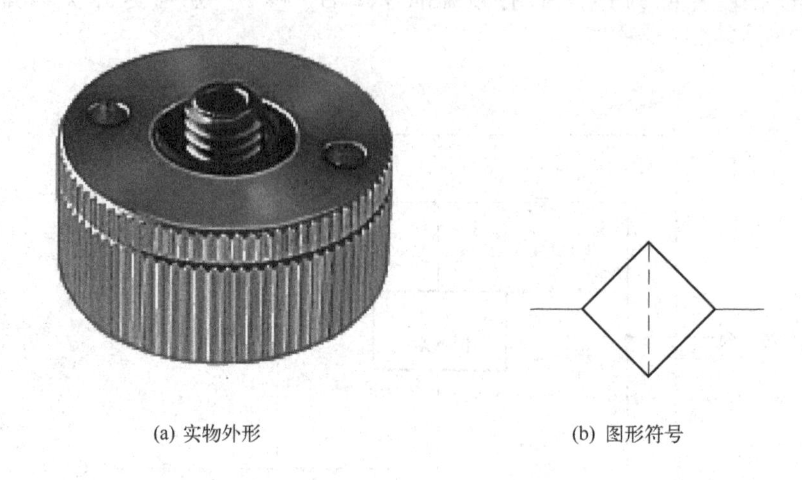

(a) 实物外形　　(b) 图形符号

图 5-11　真空过滤器实物外形及图形符号

安装，若使用快换接头，装卸配管更迅速。

当真空过滤器两端压降大于 0.02MPa 时，滤芯应卸下清洗或更换。安装真空过滤器时，注意进、出口方向不得装反，配管处不得有泄漏，密封件不得损伤，入口压力不要超过 0.5MPa。

(2) 真空组件

为便于安装使用，真空发生器常与电磁阀、压力开关等真空元件组合起来使用，称为真空组件，或称为组合真空发生器。

图 5-12 所示的组合真空发生器由真空发生器、消声器、过滤器、压力开关和电磁阀等组成。进入真空发生器的压缩空气由内置电磁阀控制。电磁线圈通电，电磁阀换向，从 1 口（进气口）流向 3 口（排气口）的压缩空气产生真空。电磁线圈断电，真空消失。吸入的空气通过内置过滤器和压缩空气一起从排气口排出。内置消声器可减少噪声，压力开关用来控制真空度。

图 5-13 所示为一种带喷射开关、内置单向阀的组合真空发生器。喷射开关由电磁阀 V_2 和节流阀构成。真空吸盘与真空口 2 相连。真空发生器真空的产生和消失是由电磁阀 V_1 控制的。电磁阀 V_1 断电后，内置单向阀可保持真空。若电磁阀 V_2 通电，则压缩空气经阀 V_2 和节流阀可使真空快速释放。调节节流阀开度，能调整真空释放的时间。这种组合真空发生器最大的特点在于内置单向阀可保持真空，节约了大量能源。

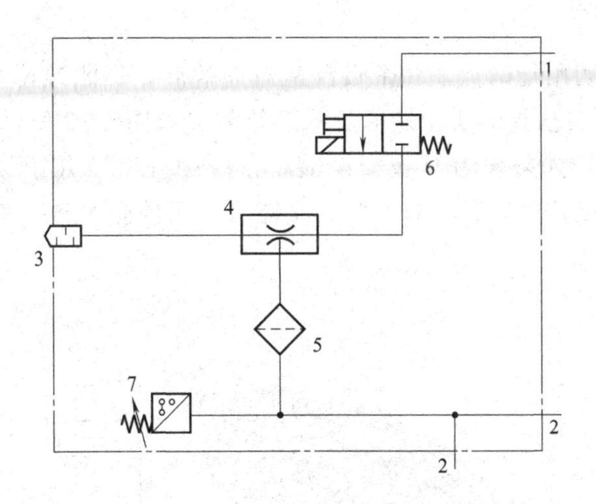

图 5-12　组合真空发生器

1—进气口；2—真空口（输出口）；3—消声器（排气口）；

4—真空发生器；5—过滤器；6—电磁阀；7—压力开关

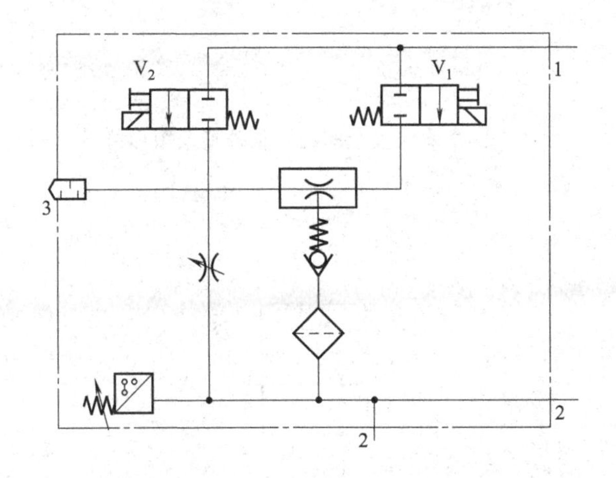

图 5-13　带喷射开关、内置单向阀的组合真空发生器

1—进气口；2—真空口；3—排气口；V_1—供气电磁阀；V_2—喷射开关电磁阀

(3) 真空计

真空计是测定真空压力的计量仪表，装在真空回路中，显示真空压力的大小，便于检查和发现问题。常用真空计的量程是 0～100kPa，3 级精度。

(4) 真空用管道及管接头

真空回路中，应选用在真空压力下不变形的管子，如硬尼龙管、聚氨酯管等。管接头要保证可在真空状态下工作。

(5) 真空安全阀

真空安全阀的功用是确保在一个吸盘密封失效后，仍能维持系统的真空度不变。图 5-14 所示为真空安全阀的实物外形及图形符号。如图 5-15 所示，同时使用多个真空吸盘的真空系统，如果没有真空安全阀，系统中一个或几个真空吸盘密封失效，将影响系统的真空度，导致其他真空吸盘不能吸持工件而无法工作。

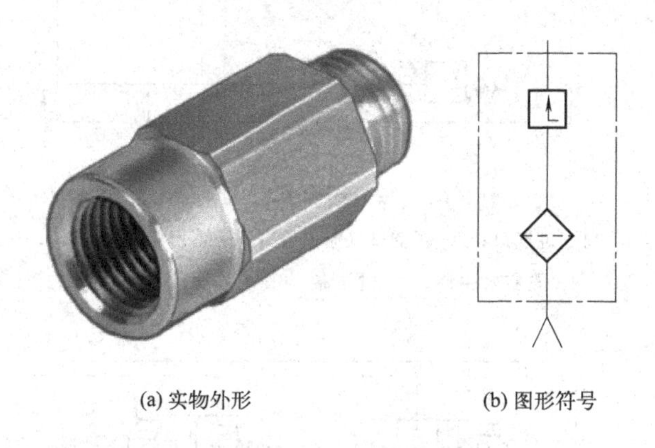

(a) 实物外形　　(b) 图形符号

图 5-14　真空安全阀的实物外形及图形符号

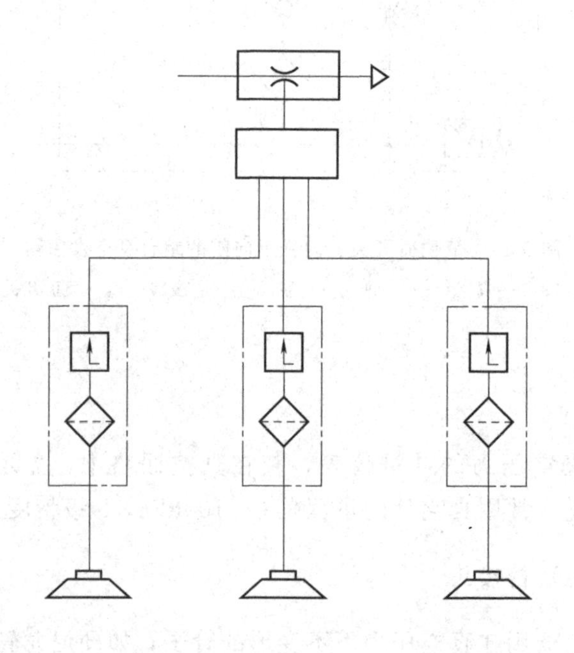

图 5-15　真空吸盘吸附气动回路

5.6 真空元件的使用注意事项

① 供给气应是净化的、不含油雾的空气。真空发生器的最小喷嘴喉部直径约为0.5mm，故供气口之前应设置过滤器和油雾分离器。

② 真空发生器与真空吸盘之间的连接管应尽量短而直，连接管不得承受外力。拧动管接头时要防止连接管被扭变形造成泄漏。

③ 真空回路的各连接处及各元件应严格检查，不得向真空系统内部漏气。不得使外部灰尘及其他异物从真空吸盘、排气口、各连接处等吸入真空系统内部。

④ 由于各种原因使真空吸盘内的真空度未达到要求时，为防止被吸吊工件吸吊不牢而掉落，回路中必须设置真空压力开关。吸着电子元件或精密小零件时，应选用小孔口吸着确认型真空压力开关。对于吸吊重工件或搬运危险品的情况，除要设置真空压力开关外，还应设置真空计，以便随时监视真空压力的变化，及时处理问题。

⑤ 在恶劣环境中工作时，真空压力开关前也应装过滤器。

⑥ 为了在停电情况下仍保持一定的真空度，以保证安全，对真空泵系统，应设置真空罐。在真空发生器系统中，真空吸盘与真空发生器之间应设置单向阀。供给阀宜使用具有自保持功能的常通型电磁阀。

⑦ 真空发生器的供给压力在0.40～0.45MPa为最佳，压力过高或过低都会降低真空发生器的性能。

⑧ 真空吸盘宜靠近工件，避免受大的冲击力，使吸盘过早变形、龟裂和磨损。

⑨ 真空吸盘的吸着面积要比工件吸吊表面面积小，以免出现泄漏。

⑩ 面积大的板材宜用多个真空吸盘吸吊，但要合理布置吸盘位置，增强吸吊平稳性，要防止边上的吸盘出现泄漏。为防止板材翘曲，宜选用大口径吸盘。

⑪ 吸着高度变化的工件应使用缓冲型吸盘或带回转止动的缓冲型吸盘。

⑫ 对有透气性的被吊物，应使用小口径吸盘。若漏气太大，应提高真空吸吊能力。

⑬ 吸着柔性物，由于易变形、易皱折，应选用小口径吸盘或带肋吸盘，且真空度宜小。

⑭ 一个真空发生器带一个真空吸盘最理想。若带多个吸盘，其中一个吸盘有泄漏，会减小其他吸盘的吸力。

⑮ 真空发生器的排气口在使用时不能堵塞，否则就不产生真空了。若必须设置排气管，则排气管尽量不要节流，以免影响真空发生器的性能。

第6章

气动基本回路

气动系统无论多么复杂，均是由一些具有不同功能的基本回路组成的。气动基本回路是指能够实现某种特定功能的气动元件的组合。气动基本回路按其控制目的和控制功能分为压力控制回路、速度控制回路、方向控制回路、多缸动作回路和安全保护回路等几类。

6.1 压力控制回路

对气动系统压力进行调节和控制的回路称为压力控制回路，通常可分为气源压力控制回路、工作压力控制回路、多级压力控制回路、双压驱动回路、增压回路、增力回路等。

6.1.1 气源压力控制回路

图6-1所示为气源压力控制回路，也称一次压力控制回路，用于控制气源的压力，使之不超过规定的压力值。

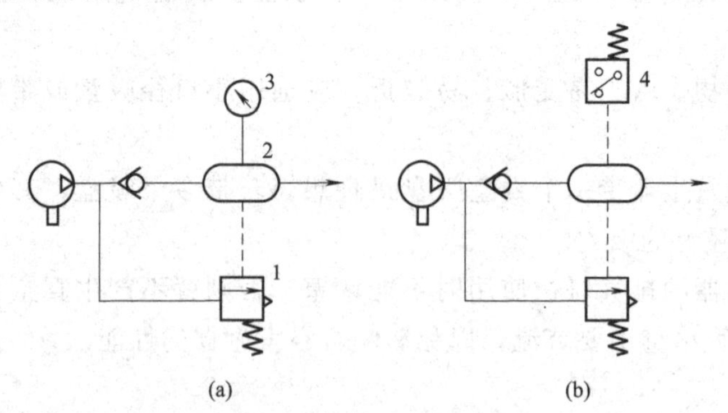

图6-1 气源压力控制回路

1—安全阀；2—储气罐；3—电接点压力表；4—压力继电器

6.1.2 工作压力控制回路

(1) 二次压力控制回路

图 6-2 所示的二次压力控制回路由气动三联件组成，主要由减压阀来实现压力控制，把经一次调压后的压力再经减压阀减压稳压后所得到的输出压力（称为二次压力），作为气动系统的工作压力。

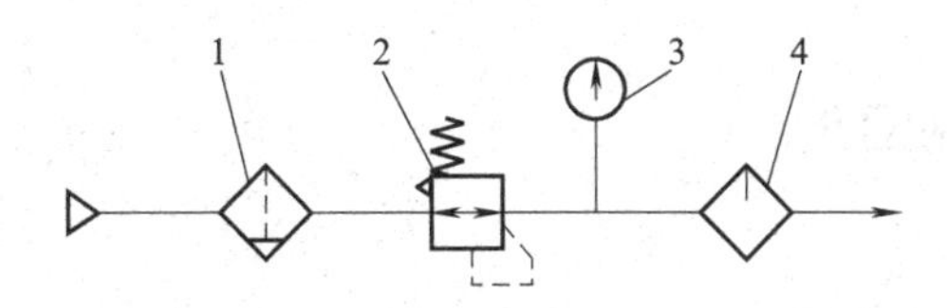

图 6-2 二次压力控制回路

1—分水滤气器；2—减压阀；3—压力表；4—油雾器

(2) 高低压输出控制回路

如图 6-3 所示，高低压输出控制回路由两个减压阀控制，实现两个压力同时输出，用于系统同时需要高压和低压的场合。

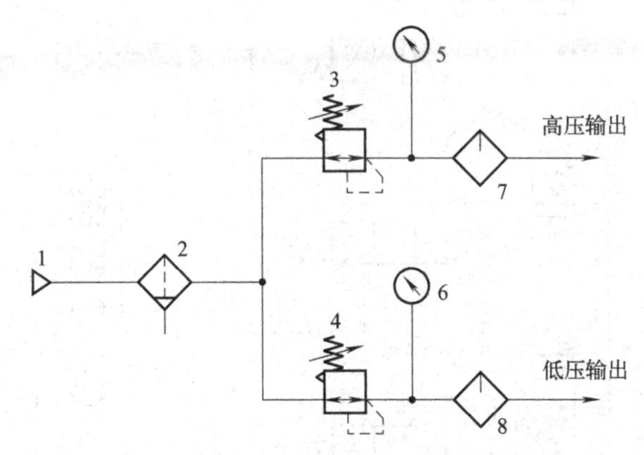

图 6-3 高低压输出控制回路

1—气源；2—分水滤气器；3—减压阀（高压）；
4—减压阀（低压）；5,6—压力表；7,8—油雾器

(3) 高低压切换回路

图 6-4 所示的高低压切换回路利用换向阀和减压阀实现高压和低压的切换输出，用于系统分别需要高压和低压的场合。

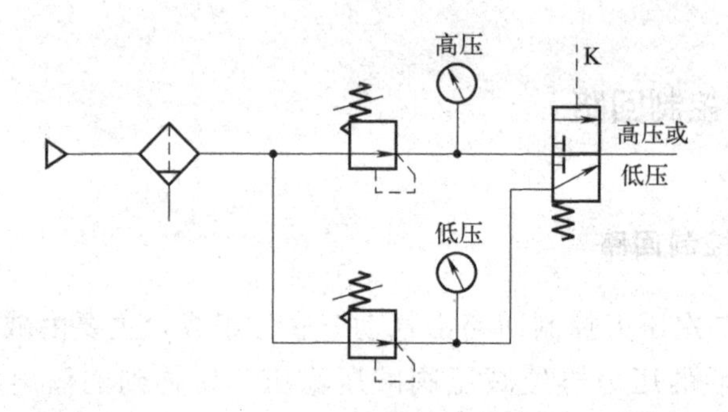

图 6-4　高低压切换回路

6.1.3　多级压力控制回路

(1) 远程多级压力控制回路

在一些场合，例如在平衡系统中，需要根据工件重量的不同提供多种平衡压力，这时就会用到多级压力控制回路。图 6-5 所示为采用远程调压阀的多级压力控制回

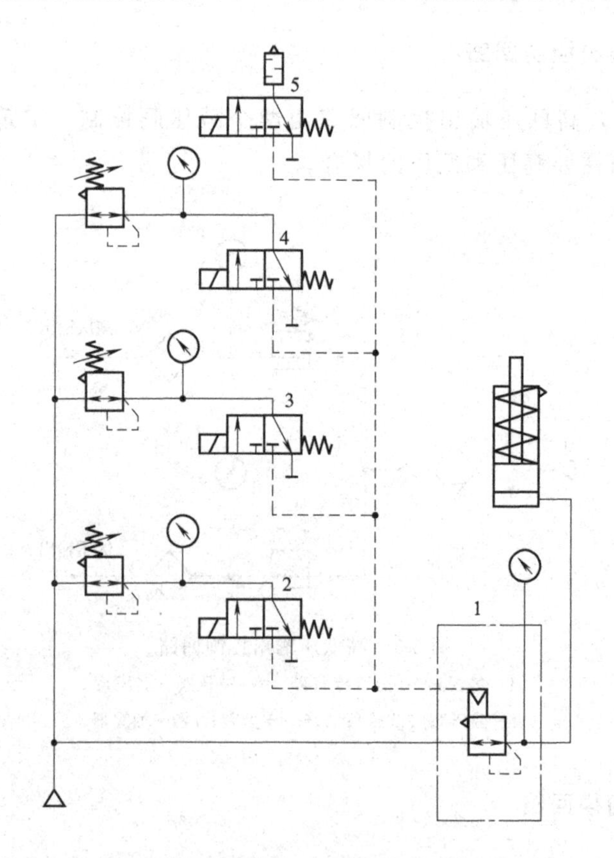

图 6-5　采用远程调压阀的多级调压回路

1—远程调压阀；2～5—电磁阀

路。该回路中的远程调压阀 1 的先导压力通过三个二位三通电磁阀 2、3、4 的切换来控制，可根据需要设定低、中、高三种先导压力。在进行压力切换时，必须用电磁阀 5 先将先导压力泄压，然后再选择新的先导压力。

(2) 连续压力控制回路

图 6-6 所示为采用比例阀构成的连续压力控制回路。气缸有杆腔的压力由减压阀 1 调为定值，而无杆腔的压力由计算机输出的控制信号控制比例阀 2 的输出压力来实现控制，从而使气缸的输出力得到连续控制。

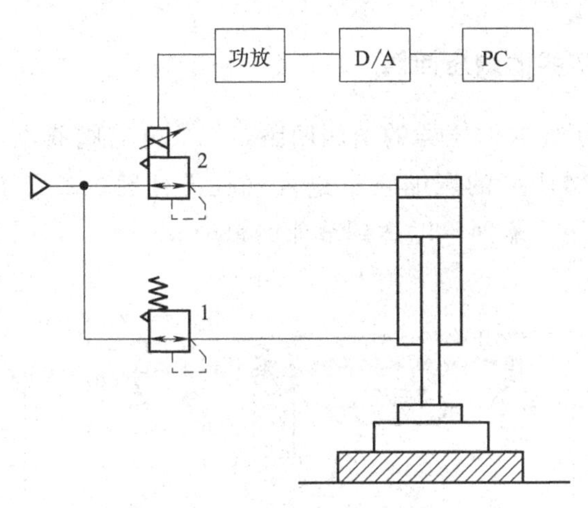

图 6-6 连续压力控制回路

1—减压阀；2—比例阀

6.1.4 双压驱动回路

在气动系统中，有时需要提供两种不同的压力，来驱动双作用气缸在不同方向上的运动。图 6-7 所示为采用带减压阀的双压驱动回路。当电磁阀 2 通电时，系统采用正常压力驱动活塞杆伸出，对外做功；当电磁阀 2 断电时，气体经减压阀 3、快速

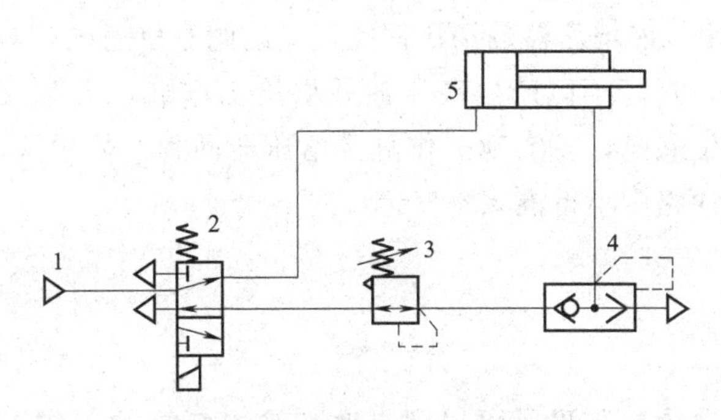

图 6-7 双压驱动回路

1—气源；2—电磁阀；3—减压阀；4—快速排气阀；5—气缸

排气阀 4 后，进入气缸有杆腔，以较低的压力驱动活塞杆缩回，达到节省耗气量的目的。

6.1.5 增压回路

当压缩空气的压力较低，或气缸设置在狭窄的空间里，不能使用较大面积的气缸，而又要求很大的输出力时，可采用增压回路。增压一般使用增压器，增压器可分为气体增压器和气液增压器。气液增压器的高压侧用液压油，以实现从低压空气到高压油液的气液压力转换。

(1) 采用气体增压器的增压回路

图 6-8 所示为采用气体增压器的增压回路。二位五通阀通电，气控信号使二位三通阀换向，经增压器增压后的压缩空气进入气缸无杆腔；二位五通阀断电，活塞杆在较低的供气压力作用下缩回，以达到节能的目的。

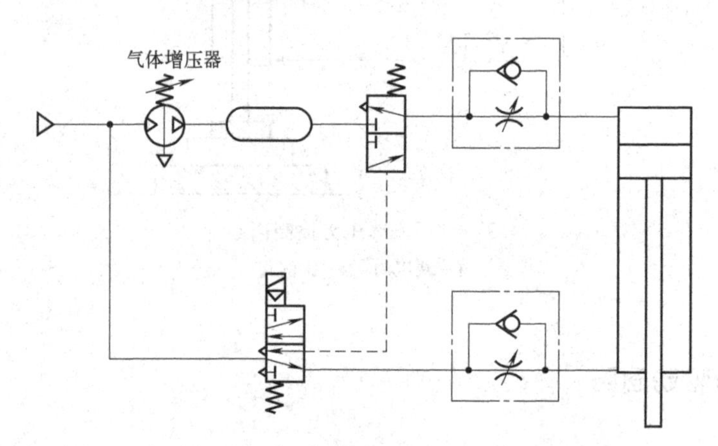

图 6-8 采用气体增压器的增压回路

(2) 采用气液增压器的增压回路

图 6-9 所示为采用气液增压器的增压回路。电磁阀左位通电，对增压器低压侧施加压力，增压器动作，其高压侧产生高压油并供给工作缸，推动工作缸活塞动作并夹紧工件；电磁阀右位通电，可实现工作缸及增压器回程。使用该增压回路时，油、气关联处密封要好，油路中不得混入空气。

6.1.6 增力回路

在气动系统中，力的控制除了可以通过改变输入气缸的工作压力实现外，还可通过改变有效作用面积实现。图 6-10 所示为利用串联气缸实现多级力控制的增力回

6.1.7 气马达转矩控制回路

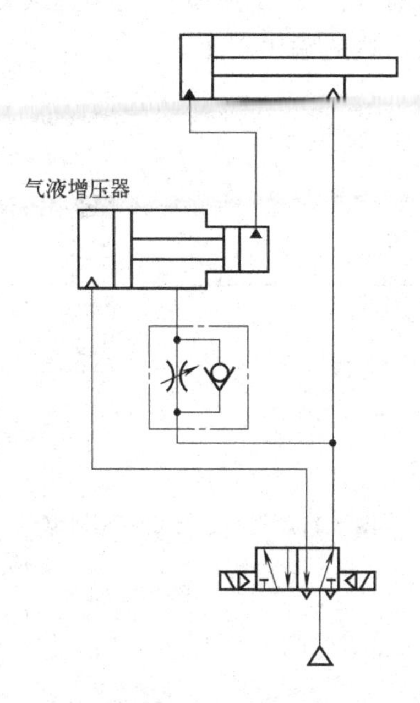

图 6-9　采用气液增压器的增压回路

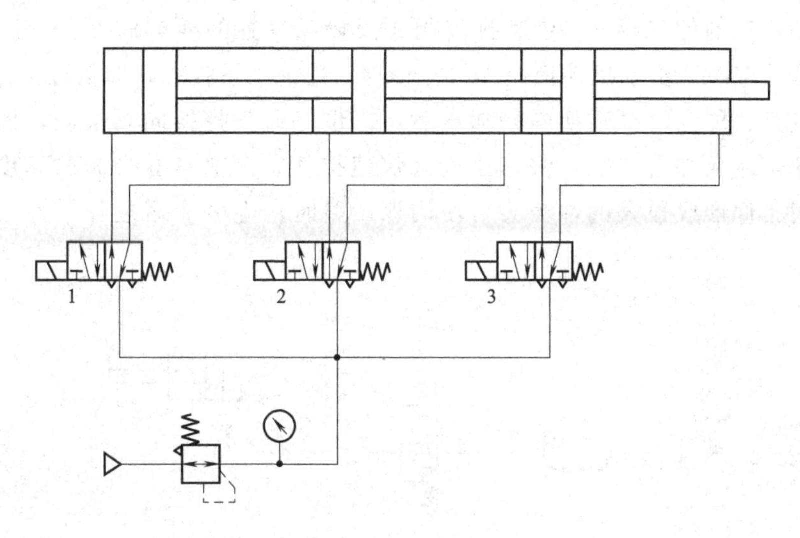

图 6-10　增力回路

1～3—电磁阀

路，串联气缸的活塞杆上连接数个活塞，每个活塞的两侧可分别供给压力。通过控制电磁阀 1、2、3 的通电个数，可实现气缸的多级力输出。

6.1.7 气马达转矩控制回路

气马达是产生转矩的气动执行元件。一般情况下，对于已选定的气马达，其转矩是由进、排气压力差决定的。图 6-11 所示为气马达转矩控制回路，通过改变减压阀的设定压力，即可改变气马达的输出转矩。

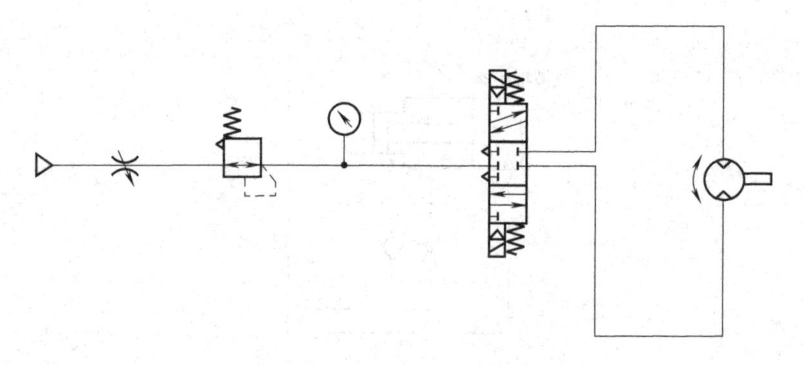

图 6-11　气马达转矩控制回路

6.1.8　冲击回路

冲击回路是利用气缸的高速运动给工件以冲击的回路。如图 6-12 所示，此回路由储存压缩空气的储气罐 1、快速排气阀 4 及操纵气缸的换向阀 2、3 等元件组成。气缸在初始状态时，由于机动换向阀（行程阀）处于压下状态，即上位工作，气缸有杆腔通大气。二位五通电磁换向阀通电后，二位三通气控换向阀换向，储气罐内的压缩空气快速流入冲击气缸，快速排气阀快速排气，活塞具有极高的速度运动，其动能可以对工件形成很大的冲击力。使用该回路时，应尽量缩短各元件与气缸之间的距离。

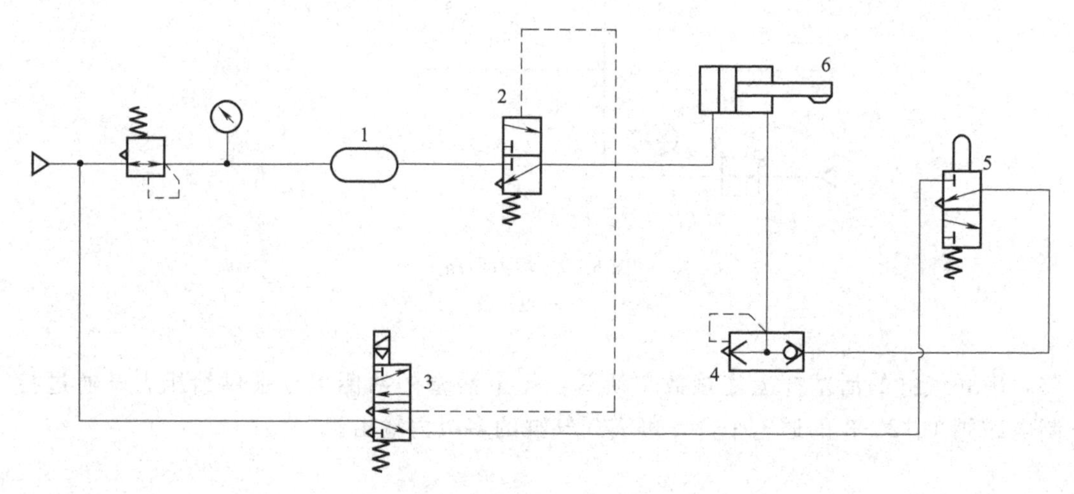

图 6-12　冲击回路

1—储气罐；2—气控换向阀；3—电磁换向阀；

4—快速排气阀；5—行程阀；6—气缸

6.2 速度控制回路

6.2.1 单作用气缸速度控制回路

(1) 进气节流调速回路

图 6-13 所示的两回路分别采用了节流阀和单向节流阀，通过调节节流阀的不同开度，可以实现进气节流调速。由于没有节流，气缸活塞杆可以快速返回。

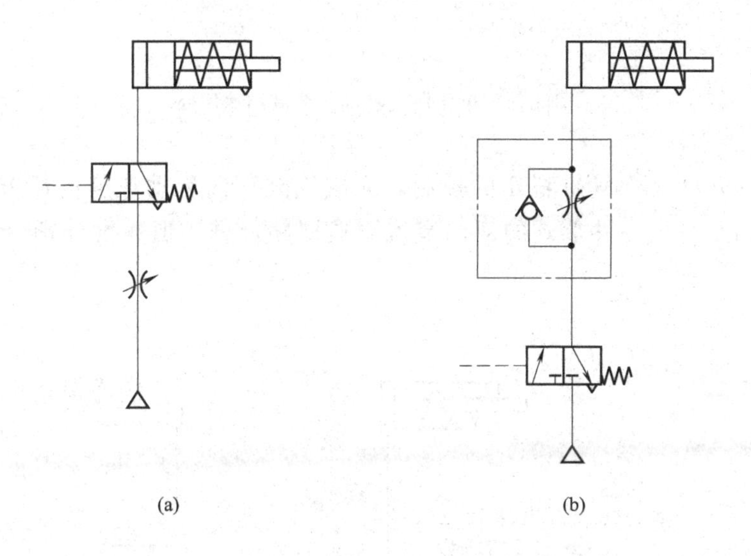

图 6-13 单作用气缸进气节流调速回路

(2) 排气节流调速回路

图 6-14 所示的两回路均是通过排气节流来实现快进-慢退的。图 6-14（a）中的回路是在排气口设置一排气节流阀来实现调速。其优点是安装简单、维修方便，但在管路较长时，较大的管内容积会对气缸的运行速度产生影响，此时就不宜采用排气节流阀控制。图 6-14（b）中的回路是换向阀与气缸之间安装了单向节流阀。进气时不节流，活塞杆快速前进；换向阀复位时，由节流阀控制活塞杆的返回速度。这种安装形式不会影响换向阀的性能，工程中多数采用这种回路。

(3) 双向节流调速回路

图 6-15（a）所示为采用单向节流阀实现排气节流的单作用气缸速度控制回路，

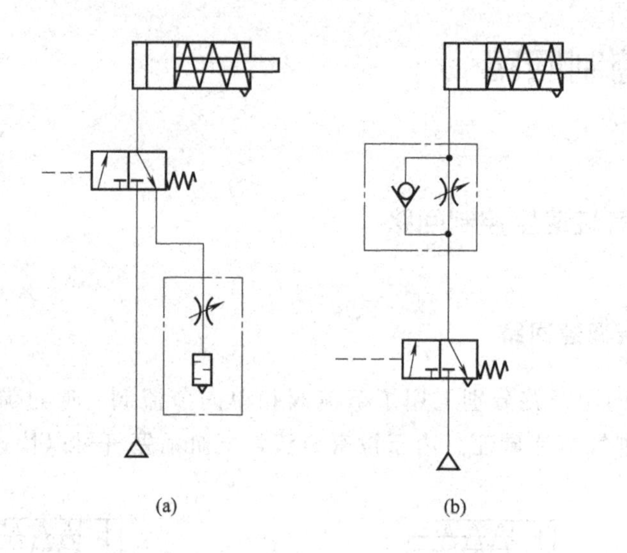

图 6-14　单作用气缸排气节流调速回路

调节节流阀的开度实现气缸背压的控制，完成气缸双向运动速度的调节。如图 6-15（b）所示的回路是另一种形式的双向节流调速回路，进、退速度分别由节流阀 6、7 调节。

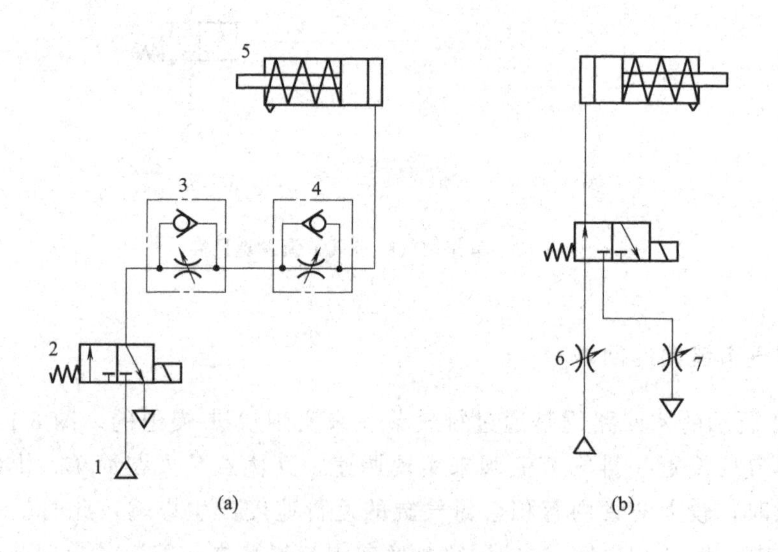

图 6-15　双向节流调速回路

1—气源；2—电磁换向阀；3,4—单向节流阀；5—气缸；6,7—节流阀

（4）慢进快退回路

图 6-16 所示为单作用气缸的慢进快退回路，活塞杆伸出时节流调速，活塞杆退

回时通过快速排气阀排气，快速退回。

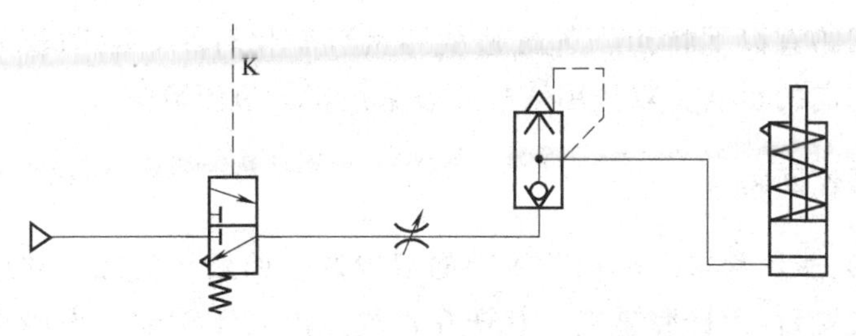

图 6-16　单作用气缸的慢进快退回路

6.2.2　双作用气缸速度控制回路

(1) 单向调速回路

图 6-17（a）所示为进气节流调速回路。在进气节流时，气缸排气腔压力很快降至大气压，而进气腔压力的升高比排气腔压力的降低慢。当进气腔压力产生的合力大于活塞静摩擦力时，活塞开始运动。活塞启动时运动速度较快，进气腔容积急剧增大，由于进气节流限制了供气速度，使进气腔压力降低，从而容易造成气缸的“爬行”。一般来讲，进气节流多用于垂直安装的气缸支撑腔的供气回路。

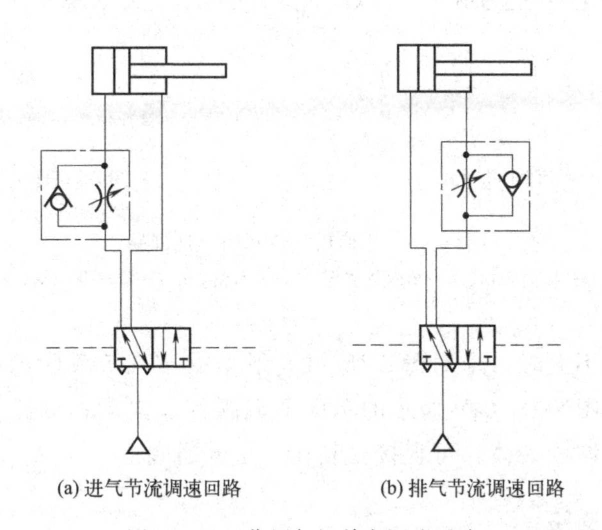

(a) 进气节流调速回路　　(b) 排气节流调速回路

图 6-17　双作用气缸单向调速回路

水平安装的气缸一般采用图 6-17（b）所示的排气节流调速回路。当气控换向阀不换向时（即图示位置），从气源来的压缩空气经气控换向阀直接进入气缸的无杆腔，而有杆腔排出的气体必须经过节流阀到气控换向阀而排入大气，因而有杆腔中的气体就有了一定的压力。此时活塞在无杆腔与有杆腔的压力差作用下前进，而减少了“爬行”的可能性。调节节流阀的开度，即可控制不同的排气速度，从而也就控制了活塞的运动速度。

排气节流回路有以下特点：气缸速度随负载变化较小，运动较平稳；能承受与活塞运动方向相同的负载。双作用气缸一般采用排气节流调速。

(2) 双向调速回路

图 6-18（a）所示为采用单向节流阀的双向调速回路。电磁铁通电，阀 2 左位接入系统（图示位置），无杆腔进气，有杆腔排气，由阀 4 调速；电磁铁断电，阀 2 弹簧复位使右位接入系统，此时由阀 3 调速。

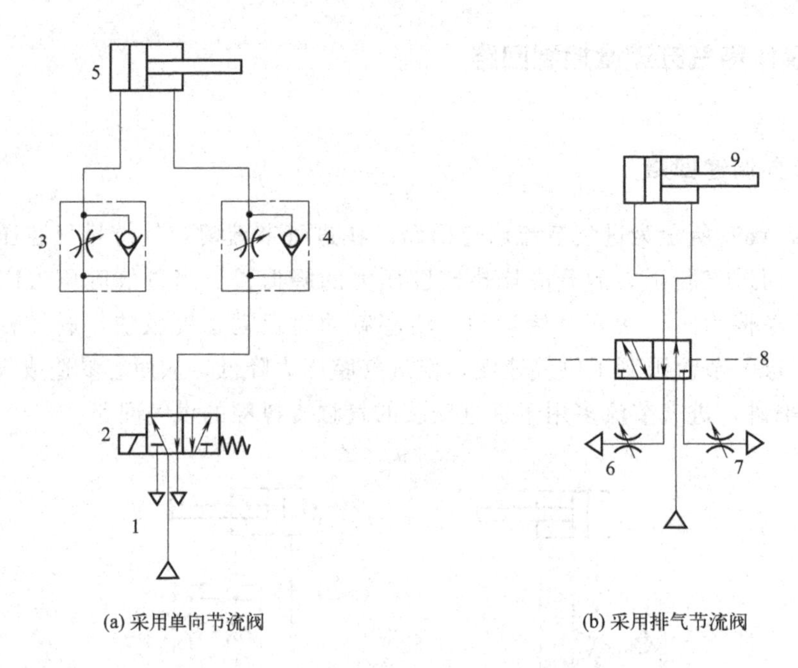

(a) 采用单向节流阀　　(b) 采用排气节流阀

图 6-18　双作用气缸双向调速回路

1—气源；2—电磁换向阀；3,4—单向节流阀；5,9—气缸；6,7—排气节流阀；8—气控换向阀

当外负载变化不大时，采用图 6-18（b）所示的排气节流阀的双向调速回路，进气阻力小，比采用图 6-18（a）所示的单向节流阀的双向调速回路效果好，且排气节流阀和消声器通常制成一体，可直接安装在二位五通阀上。

(3) 慢进快退回路

图 6-19 所示为双作用气缸的慢进快退回路。按下手动换向阀 2，压缩空气经二位五通气控换向阀 4 左位、快速排气阀 5 进入气缸 7 的无杆腔，从有杆腔排出的气体经单向节流阀 6 的节流阀进入换向阀 4 排空，活塞杆以较慢的速度伸出。当机动换向阀 3 触发时，压缩空气经气控换向阀 4 右位、单向节流阀 6 的单向阀进入气缸 7 的有杆腔，无杆腔排出的气体经快速排气阀 5 排空，因为有杆腔截面积较小且压缩空气未被

节流调速，因此活塞杆以较快的速度退回。

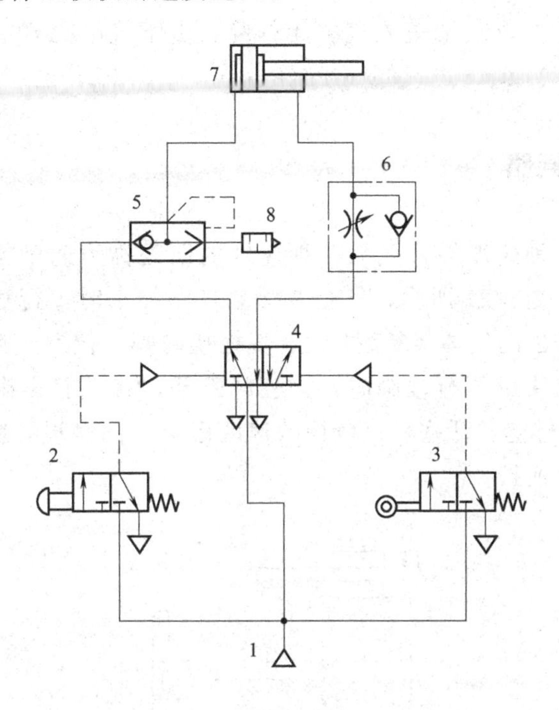

图 6-19 双作用气缸慢进快退回路

1—气源；2—手动换向阀；3—机动换向阀；4—气控换向阀；5—快速排气阀；6—单向节流阀；7—气缸；8—消声器

6.2.3 差动快速回路

把单杆气缸差动连接，即可在不增大气源供气量的情况下实现气缸的快速运动，此类回路称为差动快速回路。图 6-20 所示为采用手动换向阀的差动快速回路。当压

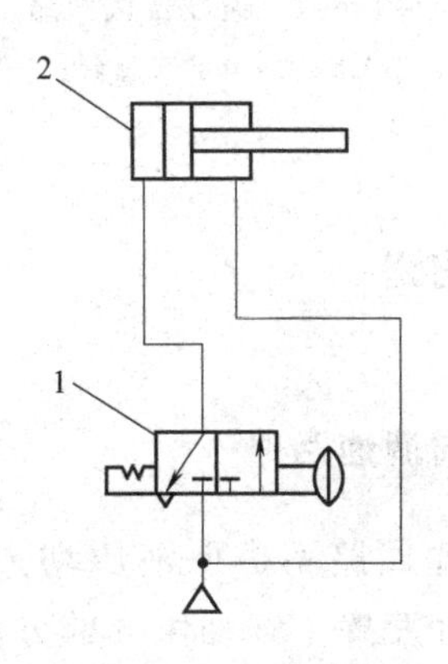

图 6-20 差动快速回路

1—二位三通手动换向阀；2—气缸

下手动换向阀使其切换至右位时，气缸的无杆腔进气推动活塞右行，有杆腔排出的气体经手动换向阀的右位反馈进入气缸无杆腔。由于气缸无杆腔流量增大，故活塞实现快速运动。

6.2.4 速度换接回路

使执行元件从一种速度转换成另一种速度的回路称为速度换接回路。采用行程阀的速度换接回路如图 6-21 所示，气缸 5 活塞杆刚伸出时，行程阀 4 处于接通的状态，气缸 5 有杆腔排出的气体经行程阀 4、气控换向阀 2 排空，活塞杆以较快的速度运动。当活塞杆的挡块压下行程阀时，行程阀断开，有杆腔排出的气体经单向节流阀 3、气控换向阀 2 排空，活塞杆以较慢的速度运动。行程阀的接通和断开实现了活塞杆运动速度的快慢换接。

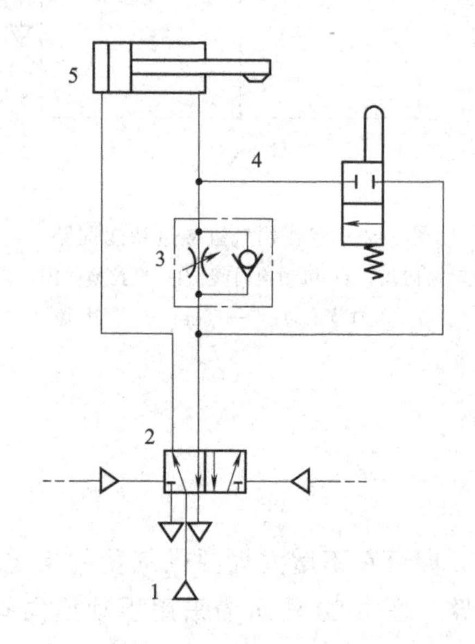

图 6-21　速度换接回路

1—气源；2—气控换向阀；3—单向节流阀；4—行程阀；5—气缸

6.2.5 气液联动速度控制回路

(1) 采用气液转换器的双向调速回路

采用气液转换器的双向调速回路不需要液压动力即可实现传动平稳、定位精度高、速度控制容易等目的，充分发挥了气动供气的方便和液压速度容易控制的优点。

如图 6-22 所示，由换向阀 1 输出的气压通过气液转换器 2 转换成油压，推动液压缸 4 前进与后退。两个单向节流阀 3 串联在油路中，可以控制液压缸活塞进退的速度。由于油是不可压缩的介质，因此速度容易控制、调速精度高、活塞运动平稳。

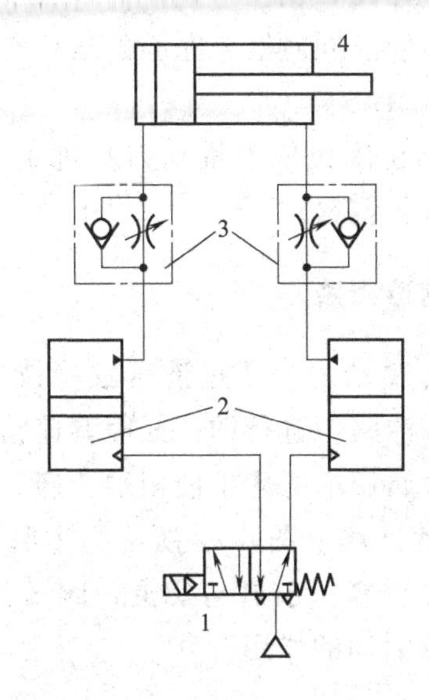

图 6-22　采用气液转换器的双向调速回路

1—电磁换向阀；2—气液转换器；3—单向节流阀；4—液压缸

在该回路中，应使气液转换器的储油容积大于液压缸的容积，而且要避免气体混入油中，否则会影响调速精度与活塞运动的平稳性。该回路适用于缸速小于40mm/min的场合。

(2) 采用气液联动缸的调速回路

图 6-23 所示为采用气液联动缸的调速回路，该回路能实现快进-慢进-快退的工作循环。当换向阀 1 通电时，气液联动缸 5 左腔进气，右腔油液经阀 4 快速排至气液转

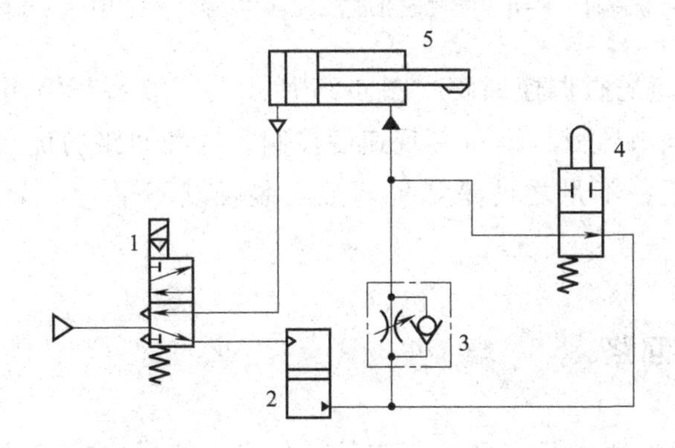

图 6-23　采用气液联动缸的调速回路

1—换向阀；2—气液转换器；3—单向节流阀；4—行程阀；5—气液联动缸

换器 2，活塞杆快速前进。当活塞杆的挡块压下行程阀 4 后，油路切断，右腔余油只能经单向节流阀 3 的节流阀回流到气液转换器 2，因此活塞杆慢速前进，调节节流阀的开度，就可得到所需的进给速度；当阀 1 复位后，气液转换器中的油液经单向节流阀 3 的单向阀迅速流入缸 5 右腔，同时缸 5 左腔的压缩空气迅速从阀 1 排空，使活塞杆快速退回。

这种调速回路常用于金属切削机床上推动刀具进给和退回的驱动缸。行程阀的位置可根据加工工件的长度进行调整。

(3) 采用气液阻尼缸的调速回路

在这种回路中，用气缸传递动力，通过液压缸稳速，由液压缸和调速机构进行调速。由于调速是在液压缸和油路中进行的，因而调速精度高、运动速度平稳。这种调速回路应用广泛，尤其在金属切削机床中使用很普遍。

① 串联型气液阻尼缸调速回路　图 6-24 所示为串联型气液阻尼缸调速回路。由换向阀 1 控制气液阻尼缸 2 的活塞杆前进与后退，阀 3 和阀 4 调节活塞杆的进退速度，油杯 5 起补充回路中少量漏油的作用。

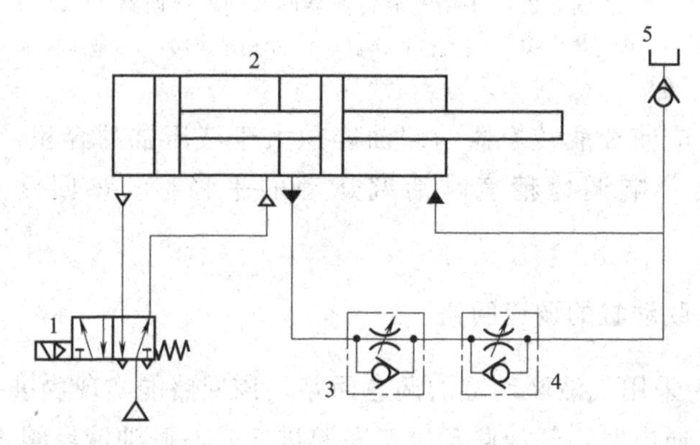

图 6-24　串联型气液阻尼缸调速回路

1—换向阀；2—串联型气液阻尼缸；3,4——单向节流阀；5—油杯

② 并联型气液阻尼缸调速回路　图 6-25 所示为并联型气液阻尼缸调速回路。在图示位置，调节单向节流阀 6 即可实现速度控制。这种回路的优点是比串联型的结构紧凑，气液不易相混；不足之处是如果两缸安装轴线不平行，会由于机械摩擦导致运动速度不平稳。

6.2.6　位置控制回路

气动系统中，气缸通常只有两个固定的定位点。如果要求气动执行元件在运动过程中的某个中间位置停下来，则要求气动系统具有位置控制功能。常采用的位置控制方式有气压控制方式、机械挡块控制方式、气液转换控制方式和制动气缸控制方式等。

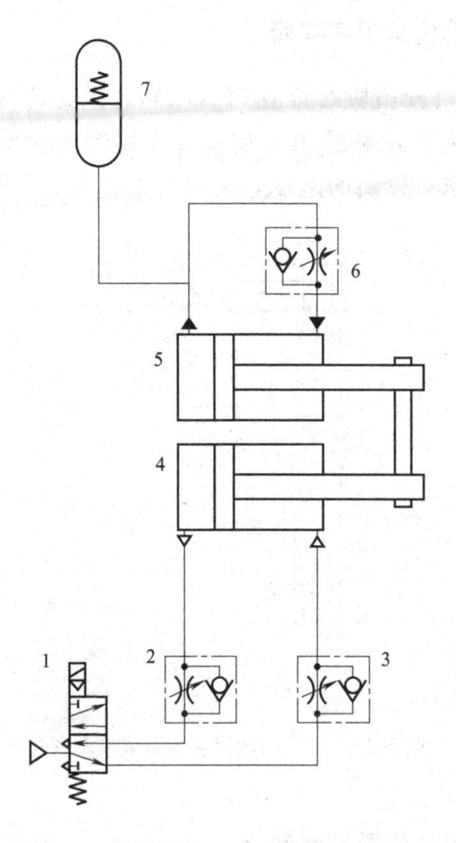

图 6-25 并联型气液阻尼缸调速回路

1—换向阀；2,3,6—单向节流阀；4—气缸；5—液压缸；7—蓄能器

(1) 采用三位五通阀的位置控制回路

图 6-26 所示为采用三位五通阀的位置控制回路。当阀处于中位时，气缸两腔的压缩空气被封闭，活塞可以停留在行程中的某一位置。这种回路不允许系统有内泄漏，否则气缸将偏离原停止位置。另外，由于气缸活塞两端作用面积不同，阀处于中位后活塞仍将移动一段距离。

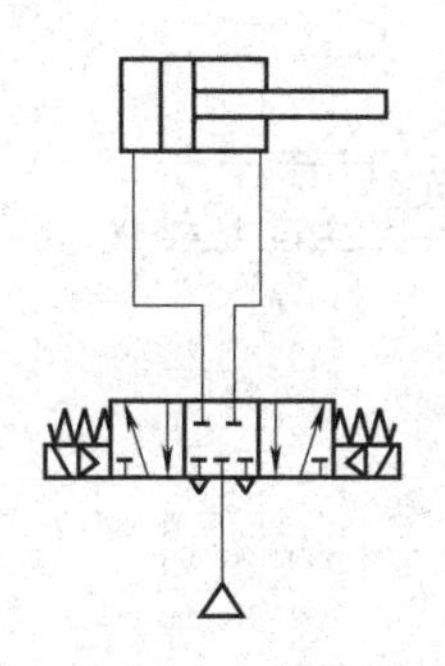

图 6-26 采用三位五通阀的位置控制回路

(2) 采用机械挡块的位置控制回路

图 6-27 所示为采用机械挡块的位置控制回路。该回路简单可靠，其定位精度取决于挡块的机械精度。为防止系统压力过高，应设置安全阀；为了保证高的定位精度，挡块的设置既要考虑有较高的刚度，又要考虑具有吸收冲击的缓冲能力。

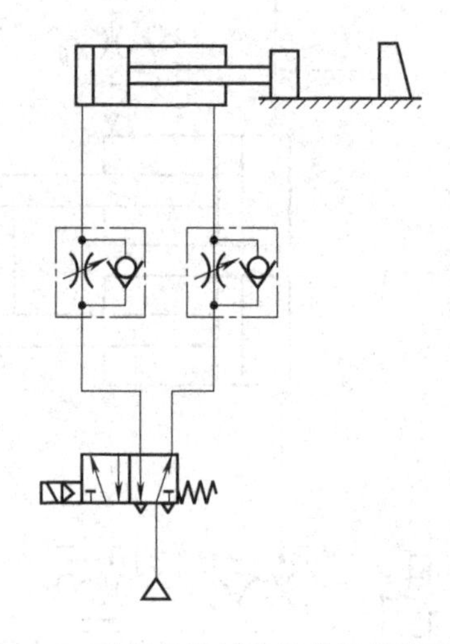

图 6-27 采用机械挡块的位置控制回路

(3) 采用流量伺服阀的位置控制回路

图 6-28 所示为采用流量伺服阀的位置控制回路。该回路由气缸、流量伺服阀、位移传感器及计算机控制系统组成。活塞位移信号由位移传感器获得并送入计算机，计算机按一定的算法求得伺服阀控制信号的大小，从而控制活塞停留在期望的位置上。该回路不采用机械辅助定位也可得到较高精度的位置控制。

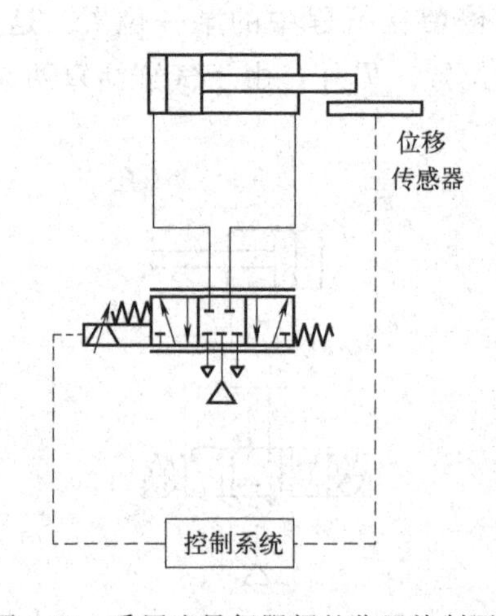

图 6-28 采用流量伺服阀的位置控制回路

6.2.7 缓冲回路

气缸驱动较大负载高速移动时，会产生很大的动能，能将此动能逐渐减小，并最终使执行元件平稳停止的回路称为缓冲回路。常用的缓冲方法有很多，除采用缓冲气缸、设置缓冲器外，还可以采用以下的缓冲回路。

(1) 并联行程阀的缓冲回路

在图 6-29 所示的回路中，节流阀 3 的开度大于单向节流阀 2 中的节流阀开度。当换向阀 1 通电时，A 腔进气，B 腔的气流经节流阀 3、行程阀 4 从换向阀 1 排出。调节阀 3 的开度，可改变活塞杆的前进速度。当活塞杆挡块压下行程终端的行程阀 4 后，阀 4 换向，通路切断，这时 B 腔的余气只能从单向节流阀 2 的节流阀排出，如果将其开度调得很小，则 B 腔内压力猛增，对活塞产生反向作用力，阻止活塞的高速运动，从而达到在行程末端减速和缓冲的目的。根据负载大小调整行程阀 4 的位置，即调整 B 腔的缓冲容积，便可获得较好的缓冲效果。

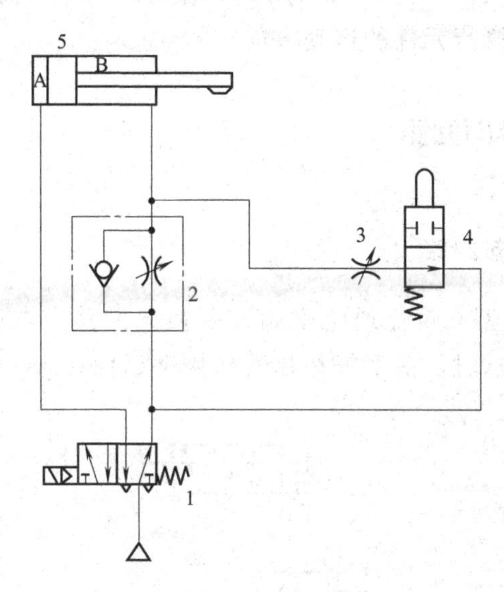

图 6-29 并联行程阀的缓冲回路

1—换向阀；2—单向节流阀；3—节流阀；4—行程阀；5—气缸

若按要求调整行程阀的安装位置及节流阀的开度，此回路也可用于快进转工进的速度换接。

(2) 采用吸振缸的缓冲回路

对于行程短、速度高的情况，一般采用吸振缸，缓冲回路如图 6-30 所示，工作缸活塞右移接近终点时，其活塞杆撞上吸振缸，由吸振缸吸收能量并减速。

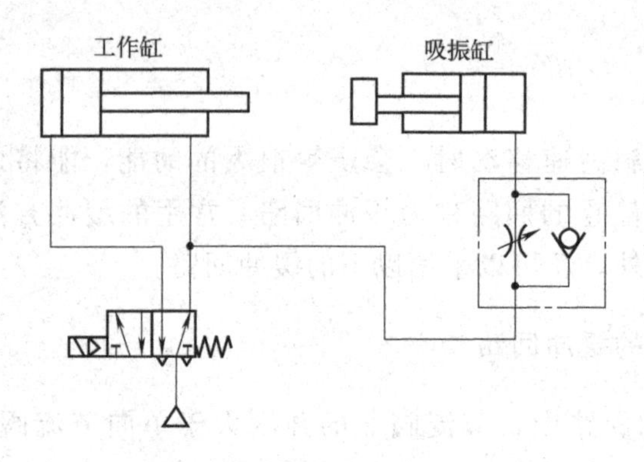

图 6-30　采用吸振缸的缓冲回路

6.3　方向控制回路

方向控制回路也称换向回路，其功用是利用各种方向控制阀改变压缩气体的流动方向，从而改变气动执行元件的运动方向。

6.3.1　单作用气缸换向回路

(1) 电磁阀控制换向回路

图 6-31 所示为常断型二位三通电磁阀控制换向回路。电磁铁得电时，气压使活塞伸出工作；电磁铁失电时，活塞杆在弹簧作用下缩回。

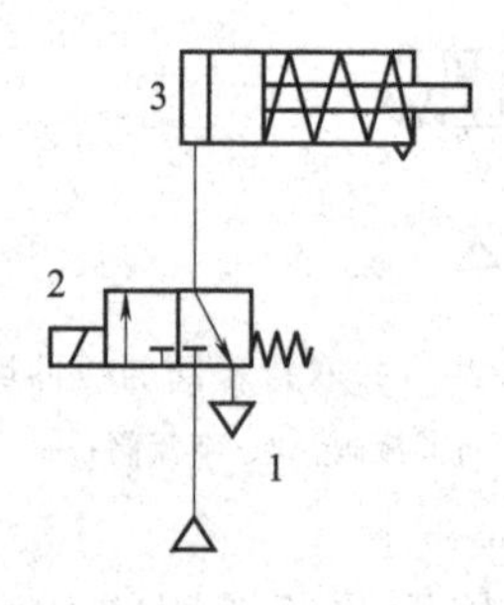

图 6-31　二位三通电磁阀控制换向回路

1—气源；2—电磁阀；3—单作用气缸

在图 6-32 所示的三位五通电磁阀控制换向回路中，电磁铁失电后能自动复位，故能使气缸停留在行程中任意位置，但由于空气的可压缩性，其定位精度较差。

图 6-33 所示为采用一个二位三通电磁阀和一个二位二通电磁阀的联合控制换向

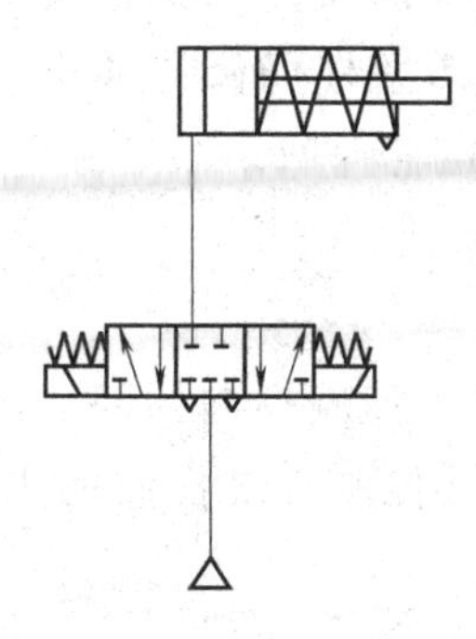

图 6-32　三位五通电磁阀控制换向回路

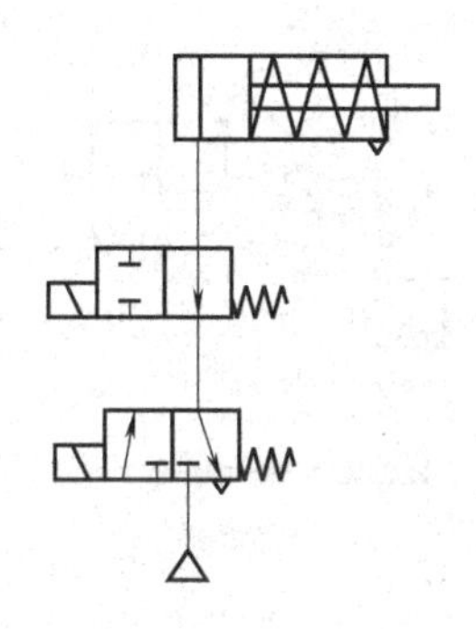

图 6-33　二位二通电磁阀和二位三通电磁阀
联合控制换向回路

回路，该回路也能实现单作用气缸的中间停止功能。

(2) 手动阀控制换向回路

图 6-34 所示为二位三通手动阀控制换向回路，适用于气缸缸径较小的场合。图 6-34（a）所示为采用弹簧复位式二位三通手动阀的换向回路，当按下按钮后阀进行切换，活塞杆伸出，松开按钮后阀复位，活塞杆靠弹簧力返回；图 6-34（b）所示为

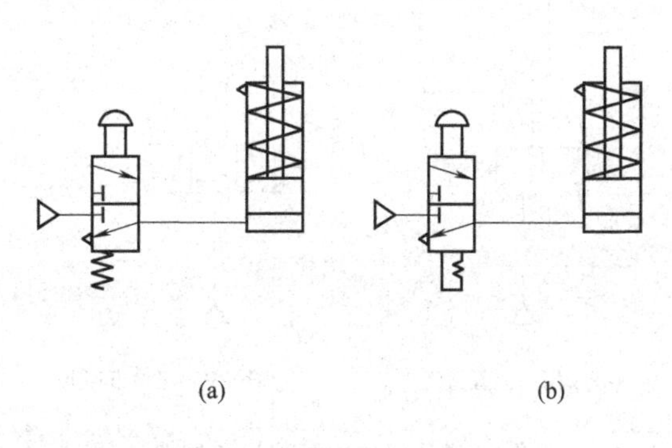

图 6-34　二位三通手动阀控制换向回路

采用带定位机构的二位三通手动阀的换向回路，按下按钮后活塞杆伸出，松开按钮后因阀有定位机构而保持原位，活塞杆仍保持伸出状态，只有把按钮上拔时，二位三通阀才能换向，气缸排气，活塞杆返回。

(3) 气控阀控制换向回路

图 6-35 所示为二位三通气控阀控制换向回路。当缸径很大时，手动阀的通流能力过小将影响气缸运动速度，直接控制气缸换向的主控阀需采用通径较大的气控阀。手动阀也可用机控阀代替。

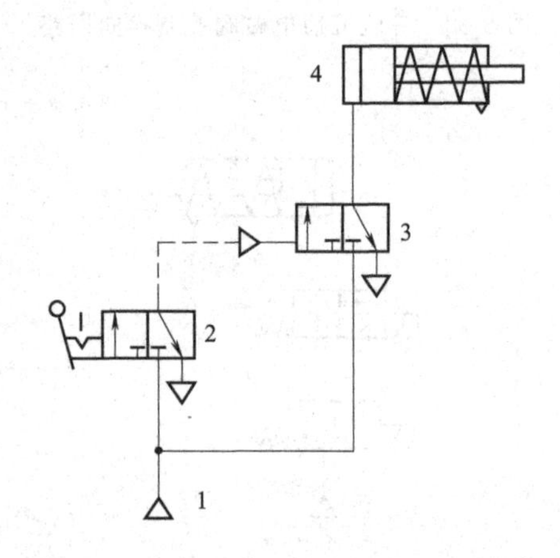

图 6-35　二位三通气控阀控制换向回路

1—气源；2—手动阀；3—气控阀；4—单作用气缸

6.3.2 双作用气缸换向回路

图 6-36（a)、(b）分别为二位五通阀和中位封闭式三位五通阀控制的双作用气缸

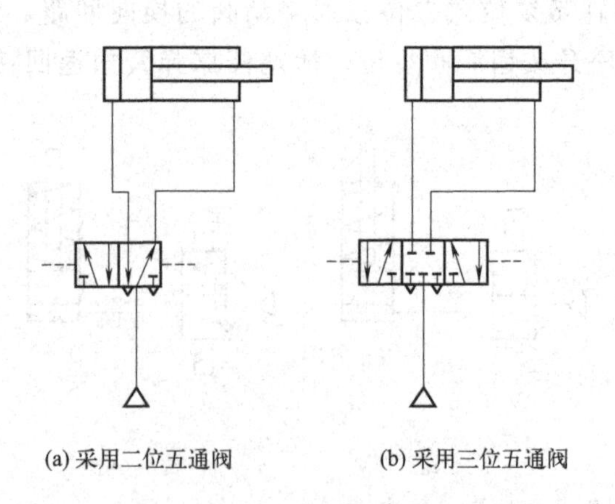

(a) 采用二位五通阀　　(b) 采用三位五通阀

图 6-36　双作用气缸换向回路

换向回路。在图 6-36（a）所示回路中，通过对换向阀左右两侧分别输入控制信号，使气缸活塞杆伸出和缩回。此回路不允许左右两侧同时加等压控制信号。在图 6-36（b）所示回路中，除控制双作用气缸换向外，还可使气缸在行程中的任意位置停止运动。

6.3.3 往复运动回路

(1) 一次往复运动回路

① 行程阀控制往复运动回路　图 6-37 所示为行程阀控制往复运动回路，按下手动阀 2，来自气源 1 的有压气体经阀 2 作用于气控阀 3 左位，气控阀换向，有压气体经气控阀 3 进入气缸 5 的无杆腔，活塞杆伸出，当活塞杆伸出至行程阀 4 时，行程阀 4 被触发，有压气体经行程阀 4 作用于气控阀 3 右位，气控阀换向，有压气体经气控阀 3 进入气缸 5 的有杆腔，活塞杆缩回，完成一次往复运动。气控阀 3 具有自保持功能，手动阀 2 按下，气控阀 3 换向后，要松开阀 2 使其自动复位。

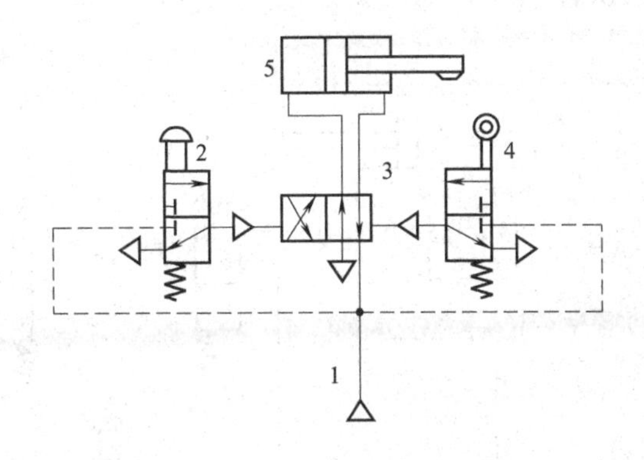

图 6-37　行程阀控制往复回路

1—气源；2—手动阀；3—气控阀；4—行程阀；5—气缸

② 单向顺序阀控制往复运动回路　图 6-38 所示为单向顺序阀控制往复运动回路，手动阀 1 与顺序阀 4 交替控制气控阀 2 换向，使气缸往复运动。

(2) 连续往复运动回路

图 6-39 所示为连续往复运动回路，手动阀 3 具有定位机构，当其处于上位排空状态时，气控阀 2 左位控制气体没有压力，来自气源 1 的有压气体经气控阀 2 右位进入气缸 6 有杆腔，活塞杆缩回至初始位置并压下行程阀 4。按下手动阀 3 使其处于接通状态，有压气体经手动阀 3、行程阀 4 作用于气控阀 2 的左位，气控阀 2 换向，有压气体经气控阀 2 进入气缸 6 的无杆腔，活塞杆伸出，直至行程阀 5 被压下，来自于

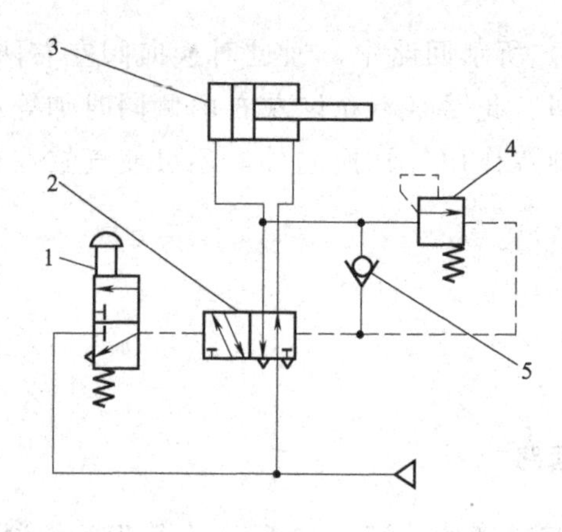

图 6-38 单向顺序阀控制往复运动回路

1—手动阀；2—气控阀；3—气缸；4—顺序阀；5—单向阀

手动阀 3 的控制气体经行程阀 5 排空，气控阀 2 控制气源失去压力换向，活塞杆缩回。当活塞杆缩回直至行程阀 4 被压下，有压气体经手动阀 3、行程阀 4 作用于气控阀 2 的左位，活塞杆再次伸出，周而复始连续往复运动。

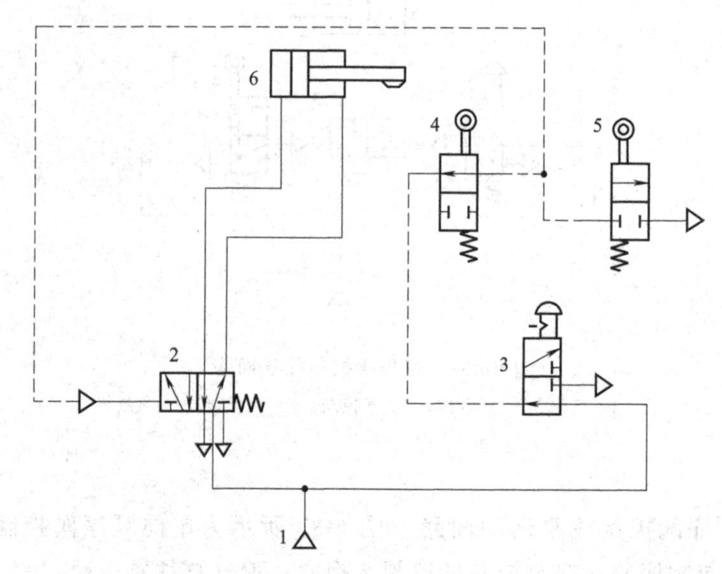

图 6-39 连续往复运动回路

1—气源；2—气控阀；3—手动阀；4,5—行程阀；6—气缸

6.3.4 气马达换向回路

图 6-40 是常见的气马达换向回路。图 6-40（a）所示为气马达单向旋转的回路，采用了二位二通电磁阀来实现转停控制，马达的转速用节流阀来调整。图 6-40（b）

和图 6-40（c）所示的回路分别为采用两个二位三通阀和一个三位五通阀来控制气马达正、反转的回路。

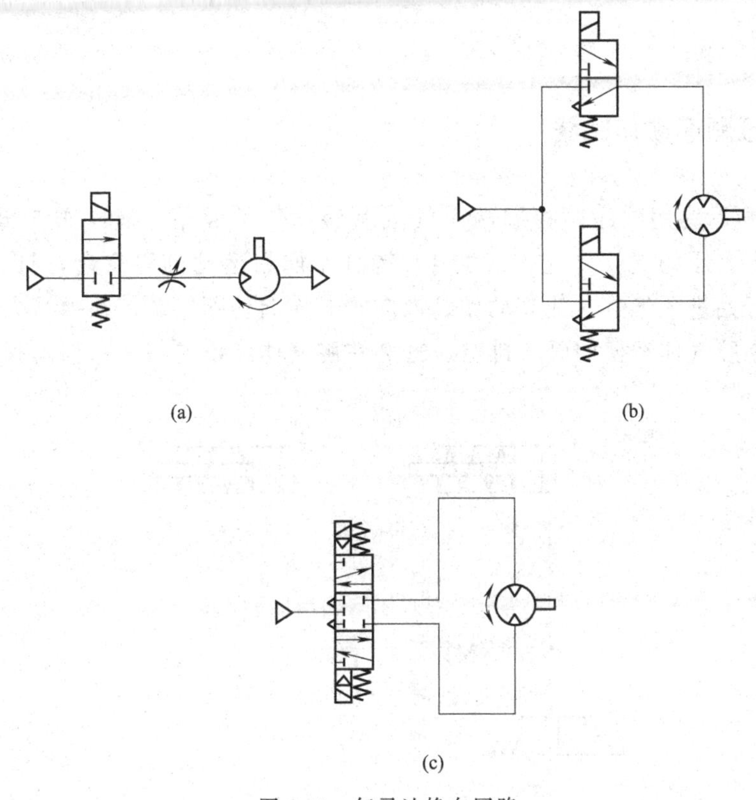

图 6-40　气马达换向回路

6.3.5　延时换向回路

图 6-41 所示为延时换向回路，在图示的两种回路中，通过调节节流阀的开度，便可调节延时时间。

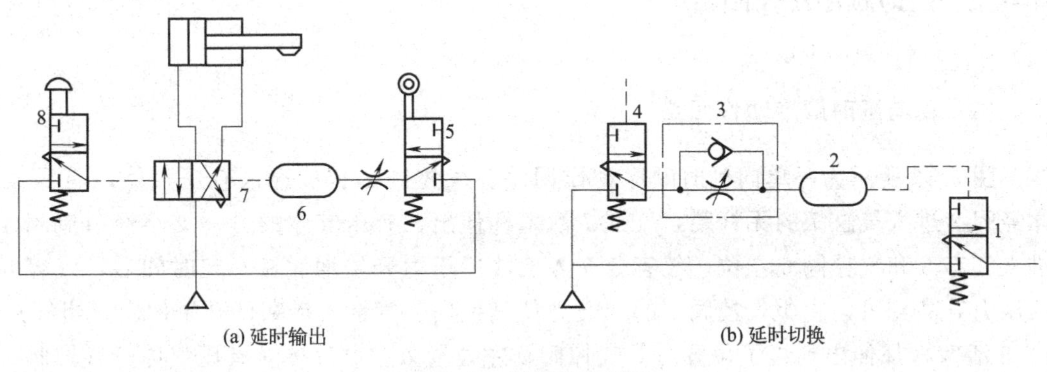

(a) 延时输出　　(b) 延时切换

图 6-41　延时换向回路

1,4,5,7,8—换向阀；2,6—储气罐；3—单向节流阀

6.4 多缸动作回路

6.4.1 多缸顺序动作回路

图 6-42 所示为用顺序阀控制两个气缸顺序动作的回路。换向阀 5 电磁铁通电，使其左位接入，压缩空气先进入气缸 1，待缸 1 向右运动到终点后，打开顺序阀 4，压缩空气才开始进入气缸 2 使其动作。换向阀 5 换向切断气源，在弹簧力作用下气缸返程，缸 1 左腔气体经换向阀 5 排空，缸 2 左腔气体经单向阀 3 和换向阀 5 排空。

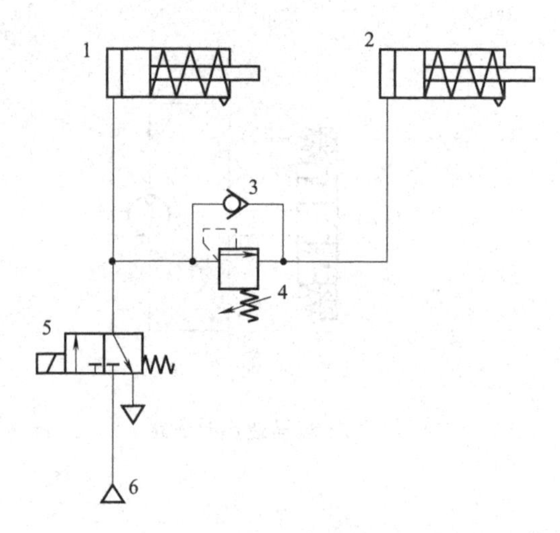

图 6-42 多缸顺序动作回路

1,2—气缸；3—单向阀；4—顺序阀；5—换向阀；6—气源

6.4.2 延时顺序动作回路

(1) 单向延时顺序动作回路

图 6-43 所示为一单向延时顺序动作回路。气控阀 2 右位通入有压气体，有压气体经阀 2 进入气缸 7 的无杆腔，气缸 7 活塞杆伸出，有压气体的另一支路经节流阀 4 进入气容 5 和气控阀 6 左位。气容 5 充入气体后压力开始增大，一定时间后，气容 5 的压力升高到可以克服气控阀 6 的弹簧力使其换向，气缸 8 活塞杆开始伸出。当气缸 7、8 活塞杆都伸出到终了位置时，气控阀 2 左位通入控制气体，有压气体经气控阀 2 进入气缸 7、8 的有杆腔，气缸 7、8 的活塞杆同时缩回。

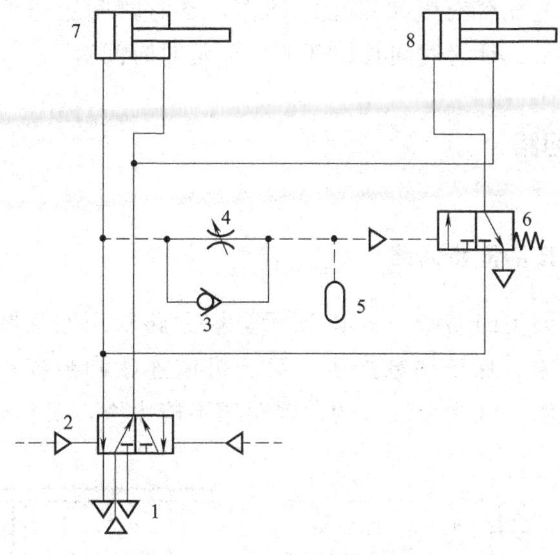

图 6-43　单向延时顺序动作回路

1—气源；2,6—气控阀；3—单向阀；4—节流阀；5—气容；7,8—气缸

(2) 双向延时顺序动作回路

图 6-44 所示为双向延时顺序动作回路，原理与单向延时顺序动作回路相似。气缸 11 的活塞杆先伸出，延时后，气缸 12 的活塞杆再伸出；缩回时，气缸 12 的活塞杆先缩回，延时后，气缸 11 的活塞杆再缩回。

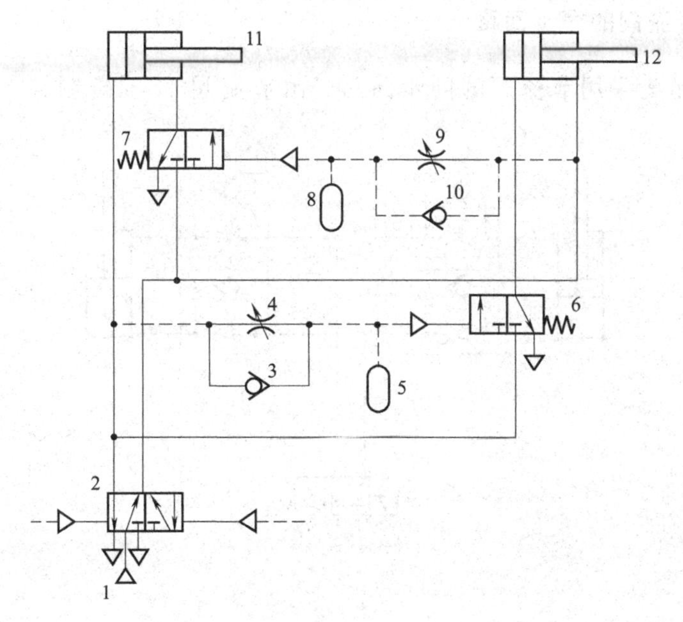

图 6-44　双向延时顺序动作回路

1—气源；2—气控阀；3,10—单向阀；4,9—节流阀；5,8—气容；

6,7—气控阀；11,12—气缸

两个回路都是通过气容充气实现延时动作，延时时间通过调节气容前面的节流阀开度来改变。开度小，延时时间长；开度大，延时时间短。

6.4.3 双缸同步回路

(1) 采用机械连接的同步回路

采用机械连接的同步回路如图 6-45 所示。该回路采用刚性零件把两尺寸相同的气缸的活塞杆连接起来，保证两缸同步。对于机械连接同步控制来说，其缺点是机械误差会影响同步精度，且两个气缸的设置距离不能太大，机构较复杂。

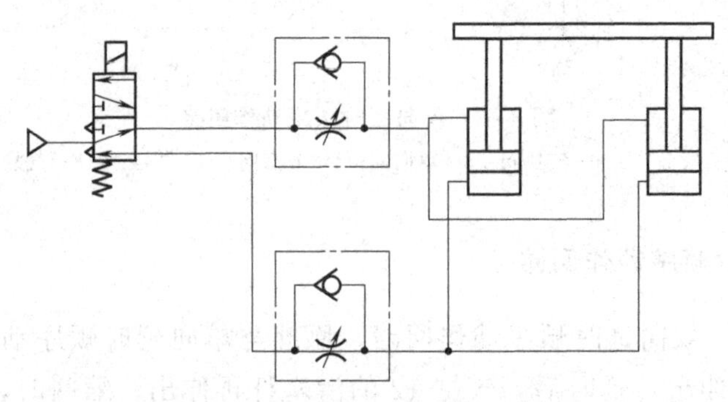

图 6-45　采用机械连接的同步回路

(2) 采用节流阀的同步回路

图 6-46 所示为采用节流阀的同步回路。由节流阀 4、6 控制缸 1、2 同步上升，

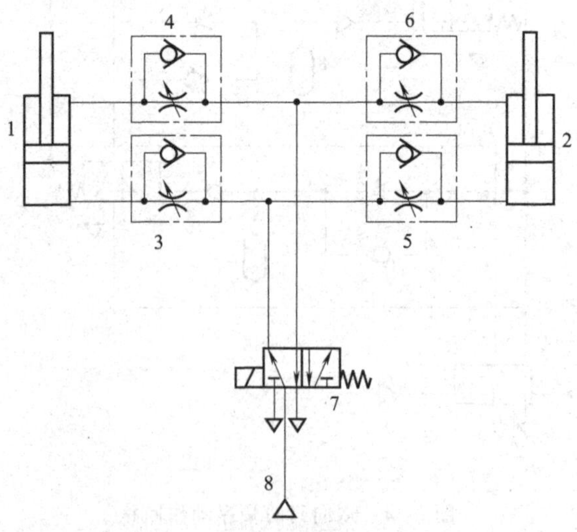

图 6-46　采用节流阀的同步回路

1,2—气缸；3～6—单向节流阀；7—换向阀；8—气源

由节流阀 3、5 控制缸 1、2 同步下降，若缸径相对于负载足够大，工作压力足够高，则可取得一定程度的同步效果。

(3) 双杆缸串联同步回路

图 6-47 所示为双杆缸串联同步回路。此回路将两个结构尺寸完全相同的双杆气缸串联，如果不考虑泄漏等因素影响，两缸双向运动基本同步，单向节流阀 3 和 4 可调节双向运动速度。

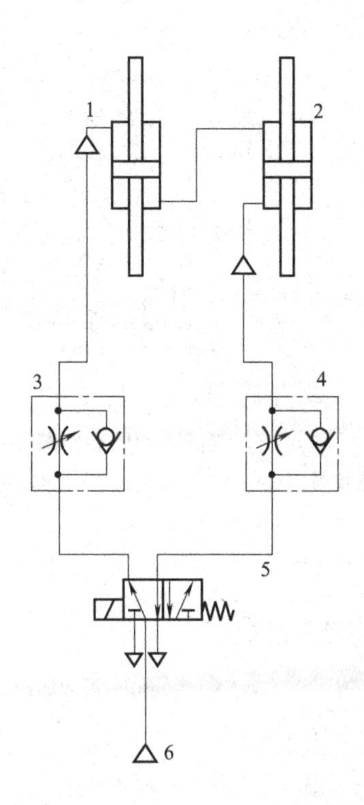

图 6-47　双杆缸串联同步回路

1,2—双杆气缸；3,4—单向节流阀；5—换向阀；6—气源

(4) 气液联动同步回路

图 6-48 所示为气液联动同步回路，气液缸 5 有杆腔充入气体，无杆腔充入液体，气液缸 6 有杆腔充入液体，无杆腔充入气体。活塞杆伸出时，气液缸 6 排出的液体等于气液缸 5 充入的液体，活塞杆缩回时，气液缸 5 排出的液体等于气液缸 6 充入的液体。气液缸 5 无杆腔的截面积与气液缸 6 有杆腔环形截面积相等，保证了气液缸 6 活塞杆伸出和缩回的高度与气液缸 5 活塞杆伸出和缩回的高度相同，从而实现双缸同步。双缸活塞杆伸出的速度由单向节流阀 3 来调节，双缸活塞杆缩回的速度由单向节流阀 4 来调节。

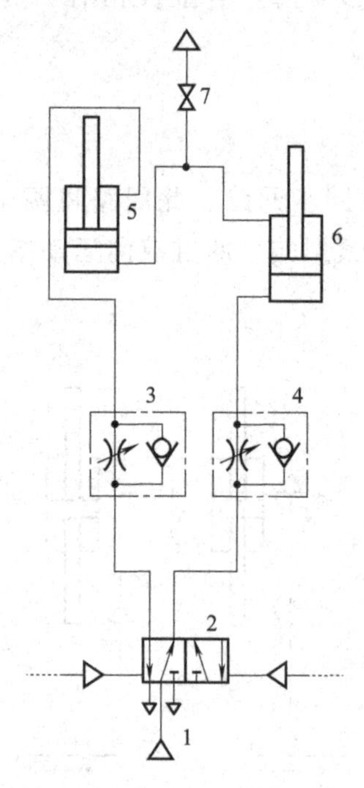

图 6-48 气液联动同步回路

1—气源；2—气控阀；3,4—单向节流阀；5,6—气液缸；7—放气阀

6.5 其他基本回路

6.5.1 安全回路

锻压、冲压等设备中必须设置安全回路，以保证操作者的安全。

如图 6-49 所示，气控阀控制单作用气缸 5 换向，气控阀要实现换向并让压缩空气进入气缸就必须将手动阀 2、3 同时按下，进而气缸的换向才能实现。单独按下一个手动阀时，气缸无法完成换向。

图 6-50 所示为双作用缸安全回路。该回路需要双手同时按下手动阀时，才能切换气控阀，气缸才能动作。给气控阀的控制信号是阀 2、3 相“与”的信号。如因阀 2（或 3）的弹簧折断不能复位时，单独按下一个手动阀，气缸活塞也可动作，所以此回路并不十分安全。

如图 6-51 所示，双手同时按下手动阀时，储气罐 3 中预先充满的压缩空气经节流阀 4 并延迟一定时间后切换阀 5，活塞才能落下。如果双手不同时按下手动阀，或因其中任一手动阀弹簧折断不能复位，储气罐 3 中的压缩空气都将通过手动阀 1 的排

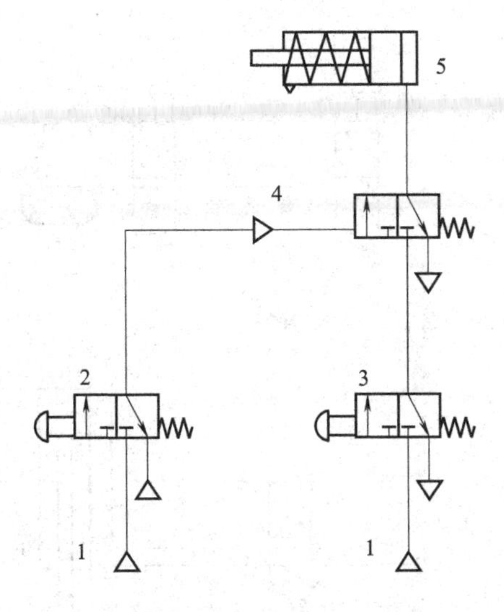

图 6-49　单作用缸安全回路

1—气源；2,3—手动阀；4—气控阀；5—气缸

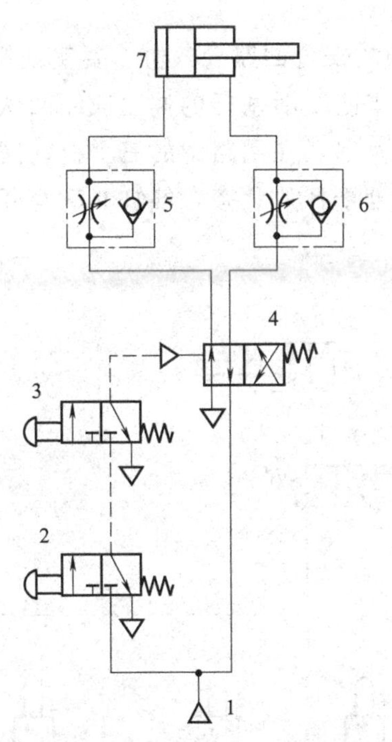

图 6-50　双作用缸安全回路

1—气源；2,3—手动阀；4—气控阀；5,6—单向节流阀；7—气缸

气口排空，建立不起控制压力，阀 5 不能切换，活塞也不能下落。因此，此回路比图 6-50 所示回路安全。

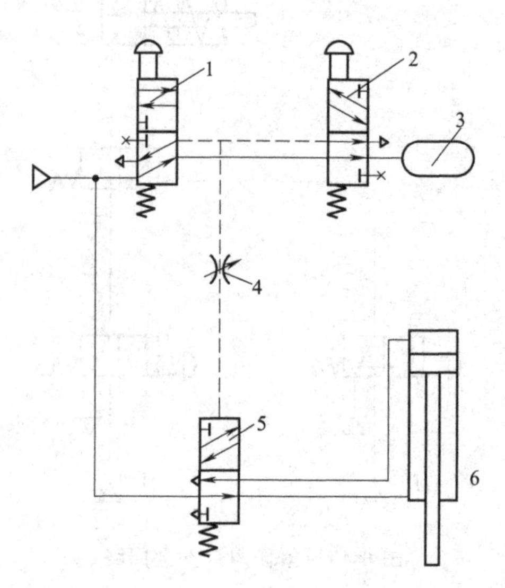

图 6-51　双手操作安全回路

1,2—手动阀；3—储气罐；4—节流阀；5—换向阀；6—气缸

图 6-52 所示为三阀互锁的安全回路。气缸 6 要实现换向就必须触发气控阀 5，通过三位四通气控阀 5 的换向来改变活塞杆的伸出或缩回状态。要实现气控阀 5 通入有压气体使气缸 6 活塞杆伸出，串联在回路中的三个机动阀 2、3、4 就必须全部处于压下状态。只要有一个机动阀处于释放状态，气缸 6 活塞杆就不会伸出。三个机动阀与气缸是互锁的关系。

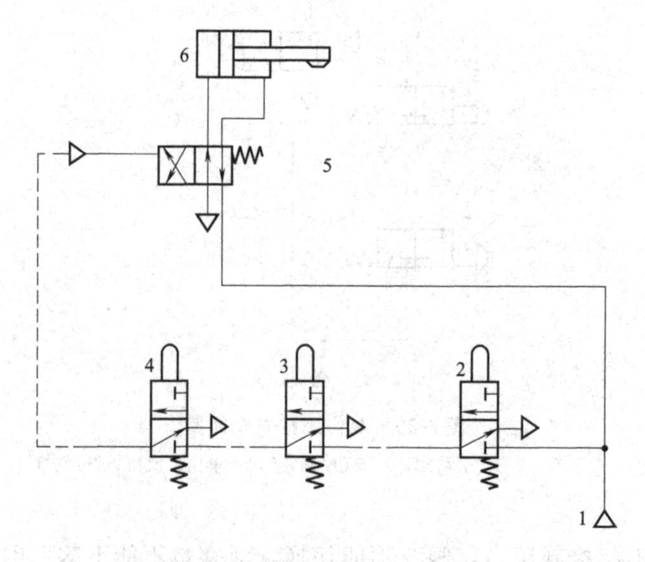

图 6-52　多阀互锁安全回路

1—气源；2～4—机动阀；5—气控阀；6—气缸

6.5.2 过载保护回路

图 6-53 所示为过载保护回路。按下手动阀 1，气控阀 2 换向，有压气体经阀 2 进入气缸 5 无杆腔，活塞杆伸出，当活塞杆触发行程阀 6 时，有压气体经行程阀 6 排空，气控阀因失去压力而换向，活塞杆缩回，完成一个工作循环。如果活塞杆伸出时所受的负载很大时，气缸无杆腔的压力升高，当压力大于顺序阀 4 的控制压力时，有压气体经顺序阀 4 作用于气动阀 3，使来自手动阀的控制气体经气控阀 3 排空，从而保证了气缸无杆腔的气体压力不高于顺序阀 4 所调定的压力，实现了系统的保护。

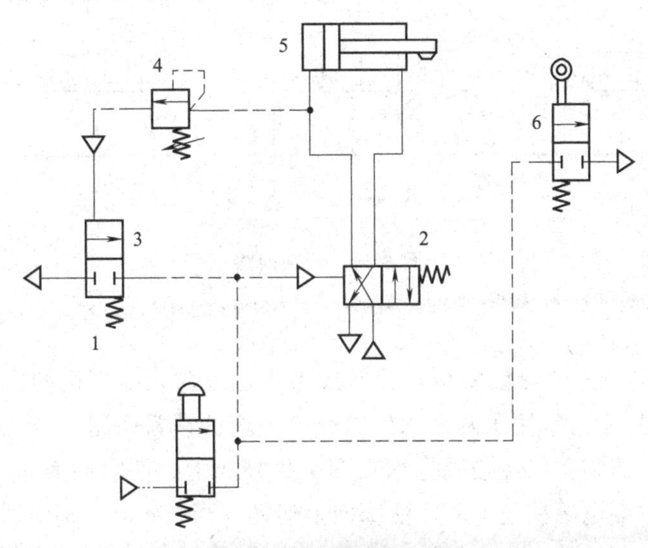

图 6-53 过载保护回路

1—手动阀；2,3—气控阀；4—顺序阀；5—气缸；6—行程阀

6.5.3 互锁回路

图 6-54 所示为互锁回路。该回路能防止各气缸同时动作，始终保证只有一个气缸动作。该回路的技术要点是利用了梭阀 1、2、3 及气控阀 4、5、6 进行互锁。如当换向阀 7 切换至左位，则气控阀 4 至左位，使 A 缸活塞杆伸出。与此同时，气缸进气管路的压缩空气使梭阀 1、2 动作，把气控阀 5、6 锁住，B 缸和 C 缸活塞杆均处于缩回状态。此时换向阀 8、9 即使有信号，B、C 两缸也不会动作。如要改变缸的动作，必须把当前动作缸的气控阀复位。

6.5.4 锁紧回路

气缸在垂直使用且带有负载的场合下，如果突然停电或停气，活塞将会在负载

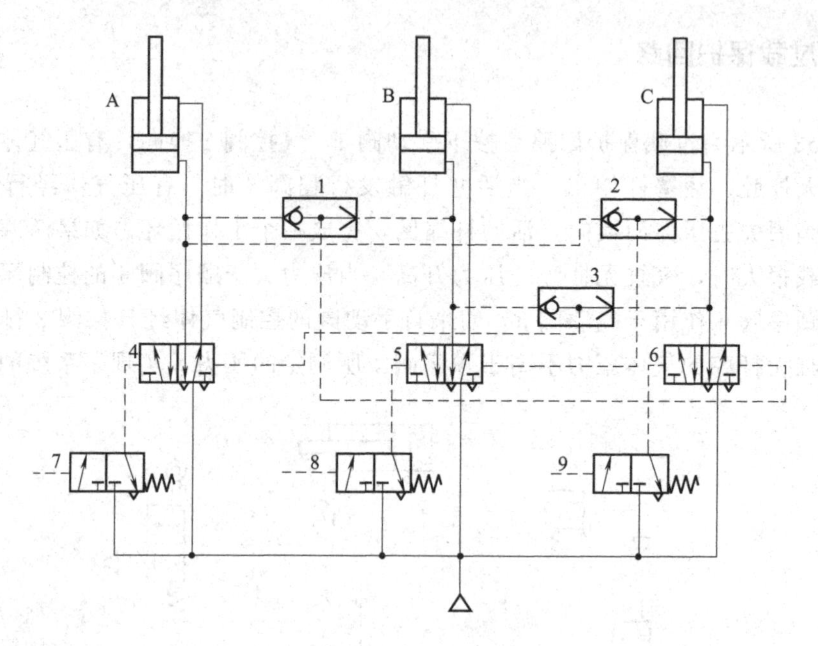

图 6-54　互锁回路

1～3—梭阀；4～6—气控阀；7～9—换向阀；A～C—气缸

重力的作用下伸出，为了保证安全，通常应考虑加设防止落下机构。

图 6-55（a）所示为采用了两个二位二通气控阀的锁紧回路。当三位五通电磁阀左端电磁铁通电时，压缩空气经梭阀作用在两个气控阀上，使它们换向，活塞向下运动。同理，当电磁阀右端电磁铁通电时，活塞向上运动。当电磁阀不通电时，加在气控阀上的气控信号消失，气控阀复位，气缸两腔的气体被封闭，活塞保持在原位。

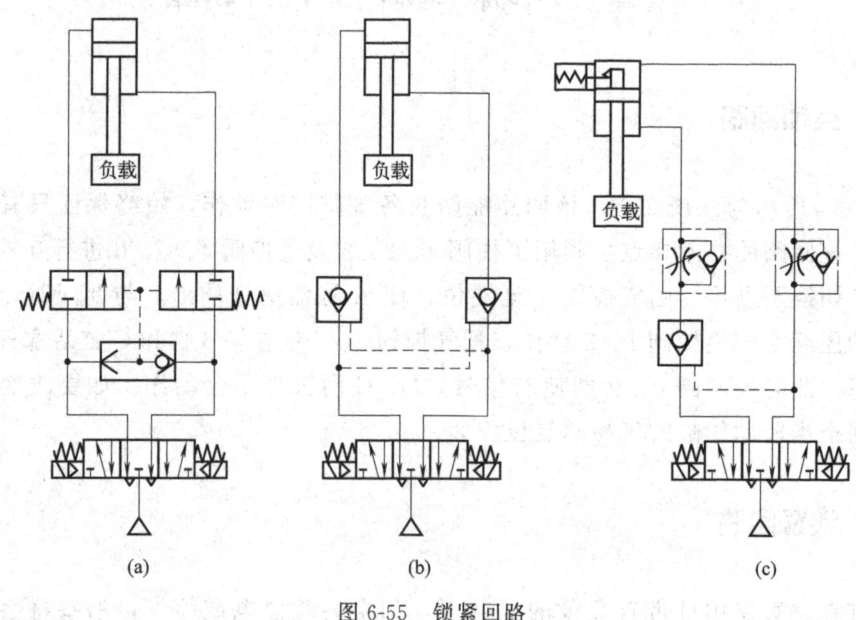

图 6-55　锁紧回路

图 6-55（b）所示为采用了气控单向阀的锁紧回路。当三位五通电磁阀左端电磁铁通电后，压缩空气一路进入气缸无杆腔，另一路将右侧的气控单向阀打开，使气缸有杆腔的气体经单向阀排出。当电磁阀不通电时，加在气控单向阀上的气控信号消失，气缸两腔的气体被封闭，气缸保持在原位。

图 6-55（c）所示为采用了行程末端锁定气缸的锁紧回路。当气缸上升至行程末端，电磁阀处于非通电状态时，气缸内部的锁定机构将活塞杆锁定；当电磁阀右端电磁铁通电后，利用气压将锁打开，活塞向下运动。

6.5.5 自动和手动转换回路

图 6-56 所示为采用了三通手动阀、三通电磁阀和梭阀控制的自动和手动转换回路。当电磁阀通电时，气缸的动作由电气控制实现；当手动阀操作时，气缸的动作用手动实现。此回路的主要用途是当停电或电磁阀发生故障时，气动系统也可工作。

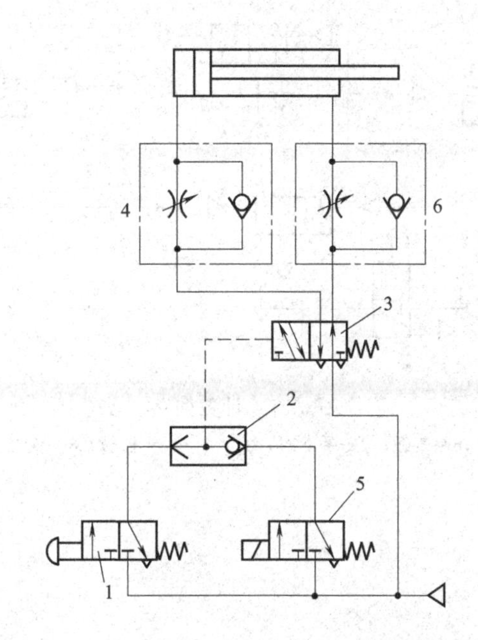

图 6-56 自动和手动并用的控制回路

1—手动阀；2—梭阀；3—气控阀；4，6—单向节流阀；5—电磁阀

6.5.6 计数回路

图 6-57 所示为计数回路。该回路实现的功能为，第 1、3、5 等奇数次按下手动阀 2 按钮时，气缸 8 活塞杆伸出，第 2、4、6 等偶数次按下手动阀 2 按钮时，气缸 8 活塞杆缩回。其工作原理是，按下手动阀 2 按钮，有压气体经气控阀 3 右位进入气控阀 7 左位和气控阀 4 右位，气控阀 4 处于右位截止状态。气控阀 7 处于左位时，有压

气体经气控阀 7 进入气缸 8 的无杆腔，活塞杆伸出。松开手动阀 2，弹簧复位，气控阀 3 排空，气控阀 4 右位失去控制压力弹簧复位，气控阀 4 处于左位接通状态，有压气体经气控阀 7、气控阀 4 作用于气控阀 3 左位，气控阀 3 换向。第二次按下手动阀 2 时，有压气体经过气控阀 3 左位进入气控阀 7 右位和气控阀 6 左位，气控阀 6 断开，有压气体经过气控阀 7 右位进入气缸 8 有杆腔，活塞杆缩回。手动阀 2 松开弹簧复位，气控阀 3 排空，气控阀 6 左位的控制气体失去压力，弹簧复位，气控阀 6 接通，有压气体经气控阀 7、气控阀 6 作用于气控阀 3 右位，气控阀 3 换向等待下一次手动阀的动作，周而复始，从而实现奇数次按下时活塞杆伸出，偶数次按下时活塞杆缩回。

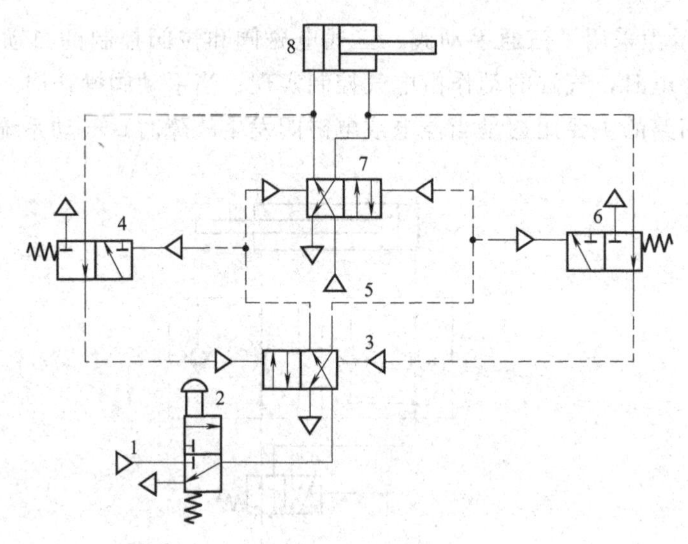

图 6-57　计数回路

1,5—气源；2—手动阀；3,4,6,7—气控阀；8—气缸

第7章

典型气动系统分析

7.1 八轴仿形铣床气动系统

八轴仿形铣床是一种高效专用半自动加工木质工件的机床。该机床一次可加工 8 个工件。

(1) 气动回路的工作原理

如图 7-1 所示，八轴仿形铣床有托盘升降缸（即托盘缸）A（2 个），夹紧缸 B（8 个），盖板升降缸（即盖板缸）C，铣刀上下缸（即铣刀缸）D，粗、精铣缸 E，砂光缸 F，平衡缸 G 共计 15 个气缸。其动作过程为

$$\text{启动}\rightarrow\text{工件夹紧}\rightarrow\text{托盘降}\begin{cases}\rightarrow\text{盖板降}\\ \rightarrow\text{铣刀下}\rightarrow\text{粗铣}\rightarrow\text{精铣}\rightarrow\text{砂光进}\rightarrow\text{砂光退}\\ \rightarrow\text{平衡缸}\end{cases}$$

$$\rightarrow\text{铣刀上}\begin{cases}\rightarrow\text{盖板升}\\ \rightarrow\text{托盘升}\rightarrow\text{工件松开}\\ \rightarrow\text{平衡缸}\end{cases}$$

① 托盘升降及工件夹紧。按下托盘升按钮开关后，电磁铁 2YA 通电，使阀 4 处于左位，A 缸无杆腔进气，活塞杆伸出，有杆腔气体经阀 4 排气口排空，此时托盘升起。托盘升至预定位置时，由人工把工件毛坯放在托盘上，接着按工件夹紧按钮使电磁铁 3YA 通电，阀 2 换向处于下位。此时，阀 3 的气控信号经阀 2 的排气口排空，使阀 3 复位处于右位，压缩空气分别进入 8 个夹紧缸的无杆腔，有杆腔气体经阀 3 的排气口排空，实现工件夹紧。

工件夹紧后，按下接料托盘降按钮，使电磁铁 1YA 通电，2YA 断电，阀 4 换向处于右位，A 缸有杆腔进气，无杆腔排气，活塞杆缩回，使托盘返回原位。

② 盖板缸、铣刀缸和平衡缸的动作。由于铣刀主轴转速很高，加工木质工件时，

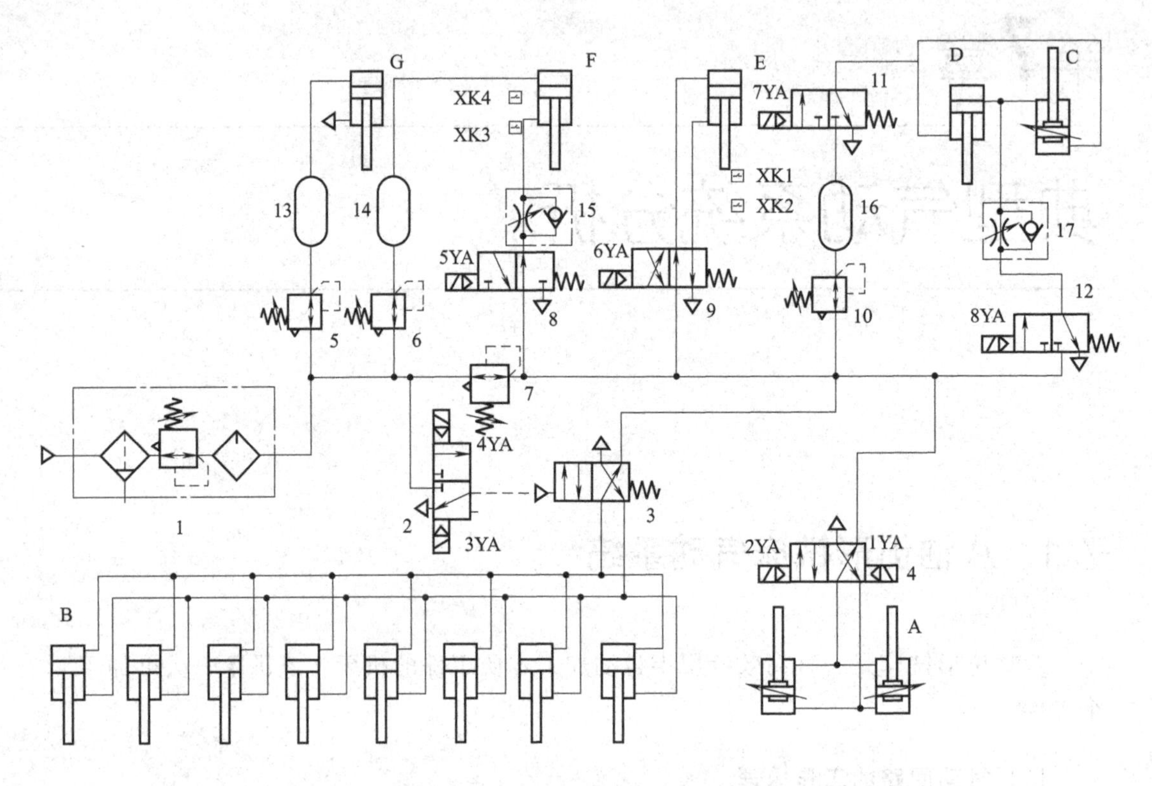

图 7-1 八轴仿形铣床气动系统原理图

1—气动三连件；2,4,8,9,11,12—电磁换向阀；3—气控换向阀；5～7,10—减压阀；
13,14,16—储气罐；15,17—单向节流阀；A—托盘缸；B—夹紧缸；C—盖板缸；
D—铣刀缸；E—粗、精铣缸；F—砂光缸；G—平衡缸

木屑会飞溅。为了便于观察加工情况和防止木屑飞溅，该机床有一透明盖板并由气缸 C 控制，实现盖板的上下运动。盖板中的引风机产生负压，将木屑从管道中抽吸到指定地点。

为了确保安全生产，盖板缸与铣刀缸同时动作。按下铣刀下按钮时，电磁铁 7YA 通电，阀 11 处于左位，压缩空气进入 D 缸的有杆腔和 C 缸的无杆腔，D 缸无杆腔和 C 缸有杆腔的空气经单向节流阀 17、阀 12 的排气口排空，实现铣刀下降和盖板下降的同时动作。在铣刀缸动作的同时盖板缸及平衡缸的动作也是同时的，平衡缸 G 无杆腔的压力由减压阀 5 调定。

③ 粗、精铣及砂光。铣刀下降动作结束时，铣刀已接近工件，按下粗仿形铣按钮后，使电磁铁 6YA 通电，阀 9 换向处于左位，压缩空气进入 E 缸的有杆腔，无杆腔的气体经阀 9 排气口排空，完成粗铣加工。E 缸的有杆腔加压时，由于对下端盖有一个向下的作用力，因此对整个悬臂又增加了一个逆时针转动力矩，使铣刀进一步增加对工件的吃刀量，从而完成粗仿形铣加工工序。

同理，E 缸无杆腔进气，有杆腔排气时，对悬臂等于施加一个顺时针转动力矩，使铣刀离开工件，吃刀量减少，完成精仿形铣加工工序。

粗仿形铣加工结束时，E缸活塞杆缩回，压下行程开关XK1，6YA断电，阀9换向处于右位，E缸活塞杆又伸出，进行精铣加工。加工完了时，压下行程开关XK2，使电磁铁5YA通电，阀8处于左位，压缩空气经减压阀6、储气罐14进入F缸的无杆腔，有杆腔气体经单向节流阀15、阀8排气口排气，完成砂光进给动作。砂光进给速度由单向节流阀15调节，砂光结束时，压下行程开关XK3，使电磁铁5YA断电，F缸活塞杆缩回。

F缸复位，行程开关XK4被压下，使电磁铁8YA通电，7YA断电，D缸、C缸同时动作，完成铣刀上升，盖板打开，此时平衡缸仍起着平衡重物的作用。

④ 托盘升、工件松开。加工完毕时，按下启动按钮，托盘升至接料位置。再按下另一按钮，工件松开并自动落到托盘上，人工取出加工完毕的工件。接着再将新的被加工工件放到托盘上，为下一个工作循环做准备。

(2) 气动回路的主要特点

① 该机床气动系统与电气控制相结合，各自发挥自己的优点，互为补充，具有操作简便、自动化程度较高等特点。

② 砂光缸、铣刀缸和平衡缸均与储气罐相连，稳定了气缸的工作压力，在储气罐前面都设有减压阀，可单独调节各自的压力值。

③ 平衡缸通过悬臂对吃刀量和自重进行平衡，具有气弹簧的作用，其柔韧性较好，缓冲效果好。

④ 托盘缸采用双向缓冲气缸，实现了终端缓冲，简化了气动回路。

7.2 数控加工中心气动换刀系统

图7-2所示为某型号数控加工中心气动换刀系统原理图，该系统在换刀过程中要实现主轴定位、主轴松刀、拔刀、向主轴锥孔吹气和插刀、刀具夹紧等动作。

当数控系统发出换刀指令时，主轴停止转动，同时4YA通电，压缩空气经气动三联件1→换向阀4→单向节流阀5→主轴定位缸A的右腔，缸A活塞杆左移伸出，使主轴自动定位，定位后压下无触点开关，使6YA得电，压缩空气经换向阀6→快速排气阀8→气液增压缸B的上腔，增压腔的高压油使活塞杆伸出，实现主轴松刀，同时使8YA得电，压缩空气经换向阀9→单向节流阀11→缸C的上腔，使缸C下腔排气，活塞下移实现拔刀，并由回转刀库交换刀具，同时1YA得电，压缩空气经换向阀2→单向节流阀3向主轴锥孔吹气。稍后1YA失电、2YA得电，吹气停止，8YA失电，7YA得电，压缩空气经换向阀9、单向节流阀10进入缸C下腔，活塞上移实现插刀动作，同时活塞碰到行程开关，使6YA失电、5YA得电，则压缩空气经阀6进入气液增压缸B的下腔，使活塞退回，主轴的机械机构使刀具夹紧。气液增压缸B的活塞碰到行程开关后，使4YA失电、3YA得电，缸A的活塞在弹簧力作用下

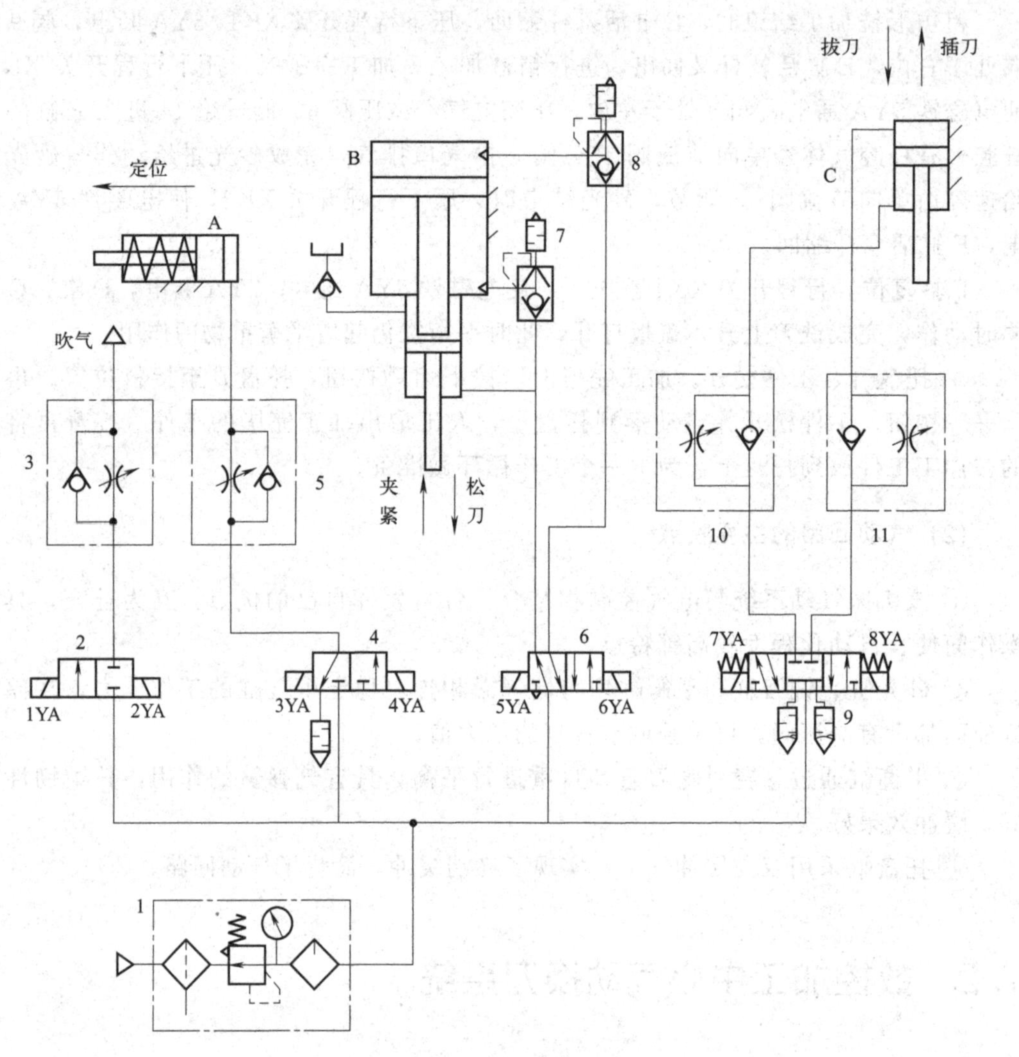

图 7-2 数控加工中心气动换刀系统原理图

1—气动三联件；2,4,6,9—换向阀；3,5,10,11—单向节流阀；7—消声器；8—快速排气阀；A,C—气缸；B—气液增压缸

复位，回到初始状态，完成换刀动作。

数控加工中心气动换刀系统电磁铁动作顺序见表 7-1。

表 7-1 电磁铁动作顺序表

工况	电磁铁							
	1YA	2YA	3YA	4YA	5YA	6YA	7YA	8YA
主轴定位				+				
主轴松刀						+		
拔刀								+

续表

工况	电磁铁							
	1YA	2YA	3YA	4YA	5YA	6YA	7YA	8YA
向主轴锥孔吹气	+							
插刀	−	+					+	−
刀具夹紧					+	−		
主轴复位			+	−				

注："+"表示通电；"−"表示断电。

7.3 气液动力滑台气动系统

气液动力滑台采用气液阻尼缸作为执行元件。图 7-3 所示为气液动力滑台气动系统原理图，系统的执行元件是气液阻尼缸 11，该缸的缸筒固定，活塞杆与滑台相连，活塞杆的伸缩带动滑台往复运动。阀 1、2、3 和阀 4、5、6 形成了两个组合阀。这种气液动力滑台能完成两种不同工作循环。

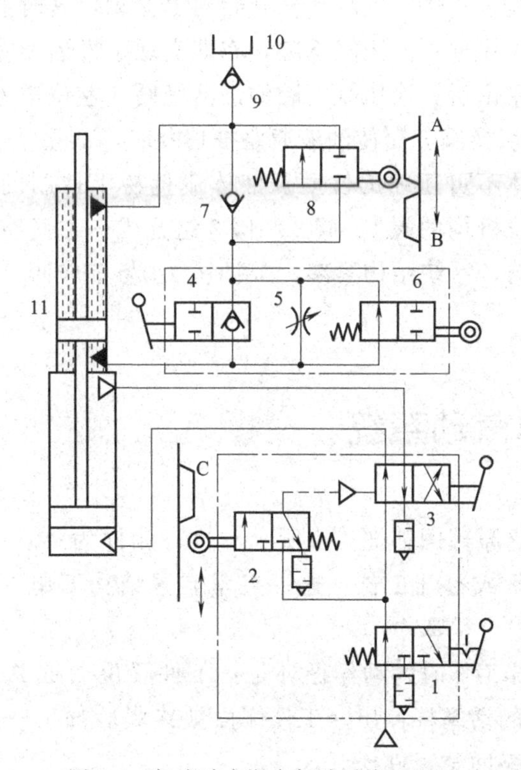

图 7-3　气液动力滑台气动系统原理图

1—二位三通手动换向阀；2—二位三通行程阀；3—二位四通手动换向阀；4—二位二通手动换向阀；5—节流阀；6,8—二位二通行程阀；7,9—单向阀；10—补油箱；11—气液阻尼缸；A～C—活动挡块

(1) 快进→慢进（工进）→快退→停止

当阀4处于图示位置时，可实现此动作循环。其工作原理为，当阀3切换至右位时，实际上就是发出进给信号，压缩空气经阀1、阀3进入气液阻尼缸的气缸的有杆腔，无杆腔经阀3排气，气缸的活塞开始向下运动，而气液阻尼缸的液压缸中的下腔油液经行程阀6的左位和单向阀7进入液压缸的上腔，实现了动力滑台快进；当快进到活塞杆上的活动挡块B将行程阀6压换至右位后，液压缸中的下腔油液只能经节流阀5进入上腔，活塞开始慢进（工进），气液阻尼缸的运动速度由节流阀5的开度调节；当慢进到活动挡块C使行程阀2复位时，输出气压信号使阀3切换至左位，这时气缸的进、排气交换方向，活塞开始向上运动。液压缸上腔的油液经阀8的左位和阀4中的单向阀进入液压缸下腔，实现了快退，当快退到挡块A切换阀8而使油液通道被切断时，活塞以及动力滑台便停止运动。只要改变挡块A的位置，就能改变“停”的位置。

(2) 快进→慢进→慢退→快退→停止

将阀4关闭（切换至左位）时，即可实现此双向进给程序。其动作循环中的快进→慢进的动作原理与前述循环相同。当慢进至挡块C切换行程阀2至左位时，输出气压信号使阀3切换至左位，气缸活塞开始向上运动，这时液压缸上腔的油液经行程阀8的左位和节流阀5进入液压缸下腔，亦即实现了慢退，慢退到挡块B离开阀6的顶杆而使其恢复至左位后，液压缸上腔的油液经阀6左位进入液压缸下腔，开始了快退，快退到挡块A切换阀8而使油液通路被切断时，活塞及滑台便停止运动。

该系统利用了液体不可压缩的性质及液体流量易于控制的优点，可使动力滑台获得稳速运动；带定位机构的阀1、阀2和阀3组合成一个气动组合阀，而阀4、阀5和阀6为一液压组合阀，系统结构紧凑；补油箱10与单向阀9仅仅是为了补偿漏油而设置的。

7.4 机床夹具气动系统

机床夹具气动系统原理图如图7-4所示，执行元件为A、B、C三个夹紧缸，通过这三个夹紧缸来夹紧或松开工件。这一夹紧装置结构简单，工作效率高，故常用于机械加工自动线和组合机床中。

机床夹具气动系统工作时的动作循环是：工件置位→缸A活塞杆伸出夹紧→工件定位后缸B和缸C的活塞杆伸出→工件侧面被夹紧后加工→缸B和缸C的活塞杆缩回→缸A的活塞杆缩回→工件松开。

工件定位后，踩下脚踏换向阀1，脚踏换向阀左位工作，气源9的压缩空气经换向阀1、单向节流阀2进入气缸A的无杆腔，其有杆腔内的空气经单向节流阀3和换

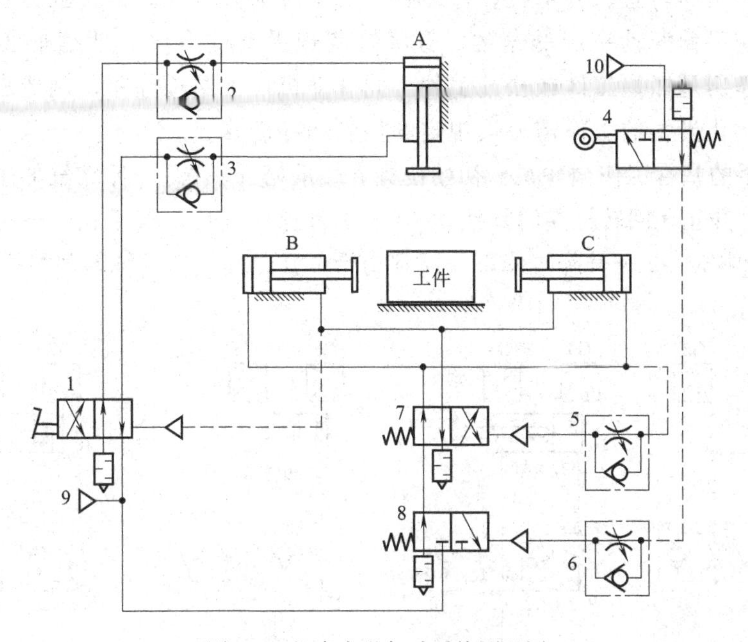

图 7-4 机床夹具气动系统原理图

1—二位四通脚踏换向阀；2,3,5,6—单向节流阀；4—行程阀（二位三通机动换向阀）；
7—二位四通气控换向阀；8—二位三通气控换向阀；9,10—气源；A～C—夹紧缸

向阀 1 排空，缸 A 活塞杆伸出夹紧工件。工件被夹紧的同时，行程阀 4 被压下，压缩空气经行程阀 4 左位、节流阀 6 作用于换向阀 8，换向阀 8 切换为右位，压缩空气经换向阀 8 右位、换向阀 7 左位进入夹紧缸 B 和 C 的无杆腔，夹紧缸 B 和 C 有杆腔的空气经换向阀 7 排空，缸 B 和缸 C 的活塞杆伸出，工件从侧面被夹紧，然后进行加工，同时缸 B 和缸 C 内的压缩空气经单向节流阀 5 进入换向阀 7 右侧气室，右侧气室压力逐渐升高。待工件加工完毕时，换向阀 7 右侧气室的压力升高使换向阀 7 切换至右位，夹紧缸 B 和 C 有杆腔进压缩空气，无杆腔排气，夹紧缸 B 和 C 开始松开工件，待其完全松开后，有杆腔内的压力继续增大，控制气路作用于换向阀 1 使其切换至右位。压缩空气 9 经换向阀 1 右位、单向节流阀 3 进入夹紧缸 A 的有杆腔，无杆腔经单向节流阀 2 至换向阀 1 排空，夹紧缸 A 活塞杆缩回，夹紧缸 A 松开工件，至此完成一个工作循环。换向阀 7、8 换向的延时时间由其前面的单向节流阀 5、6 中节流阀的开度决定，开度越小延时时间越长，开度越大延时时间越短。

7.5 气动机械手气动系统

气动机械手是以气缸、摆缸、气爪、吸盘等气动元件组成的抓取机构，它可以替代人手的部分动作来完成物料的抓取、搬运，从而实现物料的自动上、下料，在自动化生产中被广泛应用。

本机械手由回转缸、升降缸、伸缩缸、气爪等部分构成。回转缸为齿轮齿条型摆缸，作用是使手臂摆动一定的角度。升降缸实现手臂的升降，伸缩缸实现手臂的伸缩。气爪的作用是抓握工件或松开工件。此气动机械手结构简单、制造成本低廉，可根据各种自动化设备的工作需要按规定的控制程序动作。

本机械手的基本工作循环是：初始位置（气爪松开状态）→伸缩缸伸出→气爪夹紧工件→升降缸升起→回转缸逆时针摆动 90°→工件抓取到位，气爪松开→伸缩缸缩回→回转缸顺时针摆动 90°→升降缸降下→回到初始位置。其气动系统原理图如图 7-5 所示。

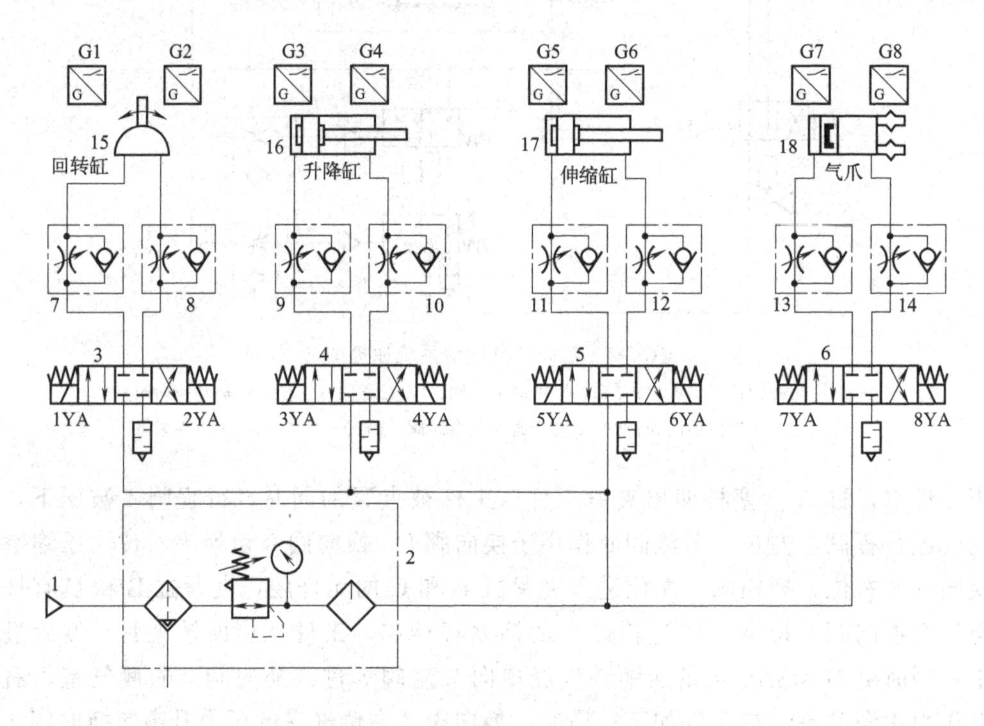

图 7-5　气动机械手气动系统原理图

1—气源；2—气动三联件；3～6—三位四通电磁换向阀；7～14—单向节流阀；15—回转缸；16—升降缸；17—伸缩缸；18—气爪；G1～G8 磁性开关（位置检测）

气源 1 为气动机械手提供了动力源，即必需的压缩空气。来自于气源 1 的压缩空气经气动三联件 2 分配给四个三位四通电磁换向阀。通过控制三位四通阀的电磁线圈 1YA～8YA 的通电、断电，控制回转缸的摆动、升降缸的升降、伸缩缸的伸缩、气爪的松开与夹紧。其动作顺序见表 7-2。

气动三联件的作用是滤除空气中的水分；将气源的压缩空气的压力减小为系统所需的压力；通过油雾器为以后的气动元件提供润滑；实时显示气动系统的压力。

单向节流阀 7～14 的作用是通过调节其中的节流阀的开度，控制各执行元件的动作速度，同时也可减小系统冲击。

G1～G8 为位置检测用磁性开关。G1 通→回转缸逆时针旋转到位指示，G2 通→回转缸顺时针旋转到位指示，G3 通→升降缸在底部指示，G4 通→升降缸在顶部指示，G5 通→伸缩缸完全缩回指示，G6 通→伸缩缸完全伸出指示，G7 通→气爪松开指示，G8 通→气爪夹紧指示。

表 7-2　气动机械手动作顺序表

项目	回转缸		升降缸		伸缩缸		气爪		回转缸		升降缸		伸缩缸		气爪	
操作对象	1YA	2YA	3YA	4YA	5YA	6YA	7YA	8YA	G1	G2	G3	G4	G5	G6	G7	G8
初始状态	+	−	−	+	−	+	−	+	−	+	+	−	+	−	+	−
伸缩缸伸出	+	−	−	+	+	−	−	+	−	+	+	−	−	+	+	−
气爪夹紧	+	−	−	+	+	−	+	−	−	+	+	−	−	+	−	+
升降缸升起	+	−	+	−	+	−	+	−	−	+	−	+	−	+	−	+
回转缸逆时针回转	−	+	+	−	+	−	+	−	+	−	−	+	−	+	−	+
气爪松开	−	+	+	−	+	−	−	+	+	−	−	+	−	+	+	−
伸缩缸缩回	−	+	+	−	−	+	−	+	+	−	−	+	+	−	+	−
回转缸顺时针回转	+	−	+	−	−	+	−	+	−	+	−	+	+	−	+	−
升降缸降下	+	−	−	+	−	+	−	+	−	+	+	−	+	−	+	−

注：“+”表示通电；“−”表示断电。

7.6　自动钻床气动系统

气动钻床是一种利用气动钻削头完成主运动（主轴的旋转），再由气动滑台实现进给运动的自动钻床。图 7-6 所示为自动钻床气动系统原理图，该系统利用气压传动来实现进给运动和送料、夹紧等辅助动作。它共有三个气缸，即送料缸 14、夹紧缸 13、钻削缸 12。

该气动钻床气动系统的动作过程为

启动→送料→夹紧→{送料后退 / 钻削}→退钻头→松开→（返回送料）

① 当按下二位三通手动换向阀（启动阀）6，控制气使二位四通气控换向阀 2 换向，左位工作，气体进入送料缸 14 无杆腔，活塞杆伸出，实现送料。

② 当送料缸 14 活塞杆碰到二位三通行程阀 7 的滚轮时，二位三通行程阀 7 换向，其上位工作，控制气使二位四通气控换向阀 3 换向，左位工作，夹紧缸 13 无杆腔进气，活塞杆伸出，实现夹紧。

③ 当夹紧缸 13 的活塞杆碰到二位三通行程阀 9 的滚轮时，二位三通行程阀 9 换向，上位工作，控制气使二位四通气控换向阀 2 换向，右位工作，送料缸 14 有杆腔进气，活塞杆缩回；同时，控制气使二位四通气控换向阀 4 换向，左位工作，钻削缸

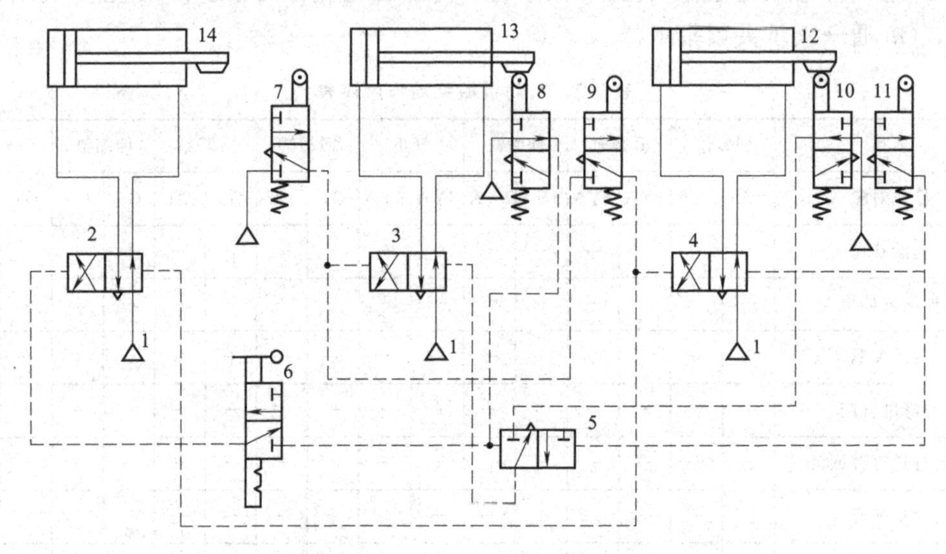

图 7-6 自动钻床气动系统原理图

1—气源；2～4—二位四通气控换向阀；5—二位三通气控换向阀；6—二位三通手动换向阀；
7～11—二位三通行程阀；12—钻削缸；13—夹紧缸；14—送料缸

12 无杆腔进气，活塞杆伸出，完成钻削。

④ 当钻削缸 12 活塞杆碰到二位三通行程阀 11 的滚轮时，二位三通行程阀 11 换向，上位工作，控制气使二位四通气控换向阀 4 换向，右位工作，钻削缸 12 有杆腔进气，活塞杆缩回，完成退钻头；同时，二位三通气控换向阀 5 换向，右位工作。

⑤ 当钻削缸 12 活塞杆碰到二位三通行程阀 10 的滚轮时，二位三通行程阀 10 换向，上位工作，气体通过二位三通气控换向阀 5 的右位使二位四通气控换向阀 3 换向，右位工作，夹紧缸 13 有杆腔进气，活塞杆缩回，松开工件，完成一个工作循环。

参考文献

[1] 宁辰校．气动技术入门与提高．北京：化学工业出版社，2017.
[2] 左健民．液压与气压传动．5版．北京：机械工业出版社，2016.
[3] 宁辰校．液压与气动技术．北京：化学工业出版社，2017.
[4] 张戊社．轻松识别液压气动图形符号．北京：化学工业出版社，2022.
[5] 陆望龙．看图学气动维修技能．北京：化学工业出版社，2021.